2013 / 01

URBAN and ENVIRONMENTAL STUDIES

总第1期

城市与环境研究

主编：潘家华　　副主编：魏后凯

中国社会科学院城市发展与环境研究所
Institute for Urban and Environmental Studies Chinese Academy of Social Sciences

社会科学文献出版社
SOCIAL SCIENCES ACADEMIC PRESS (CHINA)

编辑部人员

目　　录

CONTENTS

政策实践

书评信息

创刊词

《城市与环境研究》集刊由中国社会科学院科研局负责管理，由中国社会科学院城市发展与环境研究所主办，发展初期定位为季刊。

本刊的办刊宗旨是立足国情，立足当代，以我国城市、环境和可持续发展中面临的重大现实问题为主要传播内容，推进城市与环境理论创新，创办具有中国特色的城市、环境与可持续发展方面的理论学术刊物。

本刊的办刊方向是面向城市政府部门、科研机构、大专院校和国内外从事城市、环境与可持续发展研究的个人和团体，体现我国城市、环境与可持续发展方面的前沿理论，探讨城市经济、社会、环境、生态、管理等方面的发展进程，宣传我国城市化、可持续发展取得的业绩，突出专业性、综合性、交叉性、前瞻性等特点。

为实现本刊办刊宗旨和办刊方向，并突出专业学科特色，本刊设置以下栏目："前沿争鸣""理论方法""政策实践""书评信息"等。主要刊发城市经济研究、城市规划研究、城市与区域管理研究、土地与房地产研究、环境经济与管理研究、可持续发展研究、气候变化经济学研究、低碳经济等方面的文章。

本刊以繁荣城市经济学和环境经济学学术为目标，编辑部全体同人将努力把本刊打造成服务于城市化和环境保护，能够与国际接轨的、高水平的城市与环境类综合性学术刊物。

刊物的发展离不开各位读者的大力支持，我们热诚欢迎各界人士不吝赐稿，通过大家的共同努力，把本刊建设成传播创新理念、先进方法与成功经验的重要阵地。

《城市与环境研究》编辑部

◇前沿争鸣◇

我国低碳城镇化战略内涵与目标：宏观视角*

◇“中国低碳城镇化问题研究”课题组

【摘　要】　中国低碳城镇化问题涉及领域广泛，关系可持续发展大局。本文重点阐述协调空间规模与结构、遵循自然规律、坚持以民为本、尊重乡土田园自主型模式，明确制定并严格执行低碳标准等是中国低碳城镇化战略的基本内涵与目标，指出要实现这一低碳城镇化战略目标，必须着力推进产业结构优化升级，处理好消费模式与生活方式转型，抓好集约、智能、绿色发展，以规避高碳锁定的科学规划为指导，强化公众参与制度建设。

【关键词】　低碳城镇化　空间规模协调　以民为本　田园城市　产业结构升级　集约智能绿色发展　消费模式升级　高碳锁定　公众参与

低碳城镇化，不只是一个微观层面的节能减排问题，也不只是一个人口迁移与市民化问题，更不是一个简单的减碳技术选择。在宏观层面，我国低碳城镇化，涉及能源安全、气候安全和环境安全，涉及经济升级转型、发展方式转变等很多方面。走低碳城镇化道路，需要超越狭义的“碳”技术和政策来考虑与明确我国低碳城镇化战略内涵与目标。

---

* 本研究是国家气候变化专家委员会“低碳城镇化战略”专题讨论会主要观点的综述，是国家发改委“中国低碳城镇化问题研究”项目阶段性研究成果，课题编号为201308。由中国社会科学院“中国低碳城镇化问题研究”课题组整理，潘家华、梁本凡、熊娜、齐国占等执笔。

一　低碳城镇化是现实需要更是战略要务

中国的城镇化水平，从1949年新中国成立时的10.6%，提高到改革开放初期的17%左右，历经了30年，仅仅提高了6个百分点。改革开放后，城镇化进程持续、稳定、快速推进，提高到2012年的52.6%（见图1）。各种预测表明，这一进程还将继续，在2030年前后达到中等发达国家70%左右的水平，新增城镇人口约3亿（见表1）。

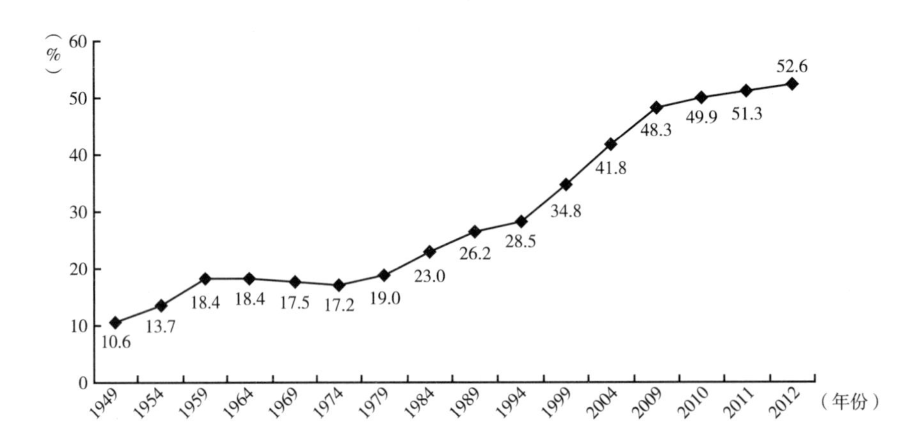

图1　1949~2012年我国城镇化水平

资料来源：2011年及以前数据来自中国统计年鉴，2012年数据来自统计公报。

表1　不同机构和学者对2020年、2030（2050）年我国城镇化的预测情况

机构/学者	预测方法	预测结果	
		2020年	2030(2050)年
中科院地理所方创琳等	Logistic曲线模型	54.45%	61.63%
中国市长协会		50%	75%(2050年)
中国社会科学院城市发展与环境研究所		超过60%	65%
国务院发展研究中心韩俊等	Logistic曲线模型	59%	66%
国务院发展研究中心李善同		60%左右	
联合国	联合国模型	59%	70%
麦肯锡全球研究院	趋势线模型	66%(2025年)	10亿城镇人口
国家发改委宏观经济研究院课题组马晓河等		58%~60%	70%~75%(2040年)

资料来源：马晓河等[1]，以及自有整理。

低碳城镇化是实现新型城镇化的现实需要。由于受到城乡二元户籍制度的约束，我国城镇化很不完善，很不透彻。当前统计意义上的7.1亿城镇人口中，约有2.6亿农业转移人口，尚没有实现居住地户籍人口的市民化[2]。魏后凯指出，“推进农业转移人口市民化是提升城镇化质量的核心”[3]。低碳城镇化是以人为本的城镇化，旨在改善人居环境与强调城镇化质量的提升。新型城镇化要搞透、搞好，必须从低碳、农业转移人口市民化等提升城镇化质量方面大下功夫。

低碳城镇化是打造中国经济增长升级版的重要保障。如果说改革开放的前30年是外需导向的粗放工业化拉动的被动型城镇化，那么，今后则是市民化提升内需、内需拉动新型工业化与城镇化互动的主动型城镇化。到2030年，我国预计有总量达到5.6亿的新增城镇人口和市民化人口，超过欧盟27国的人口总和，平均每年新增需要为其提供基础设施和社会服务的城市人口超过2500万。持久而大规模的城镇化和市民化过程，构成中国经济增长升级版巨大而持续的动力源泉。庞大的城镇人口和市民化人口规模在拉动内需的同时，也对资源、环境、公共服务、基础设施等提出了巨大的挑战。因此，只有在城镇化过程中加入低碳约束，才能使中国经济增长升级版顺利持续进行。

低碳城镇化是实现民族复兴与中国梦的战略要务。根据联合国开发计划署和世界银行2013年数据，高人类发展水平国家的平均城镇化水平超过80%，中高人类发展水平国家为74%，中低人类发展水平国家约为44%，低人类发展水平国家约为34%。我国人类发展水平世界排名第101位，尚处在中低发展层次。但是，北京和上海已经进入高人类发展水平行列（见表2）。

表2 人类发展指数与城市化水平：中国在全球的地位（2011年）

HDI位次	国家/地区	人类发展指数（HDI）	期望寿命（岁）	人均国民总收入（GNI）（美元）	城市化率（%）
3	美国	0.937	78.7	43480	82.6
10	日本	0.912	83.6	32545	91.9
20	法国	0.893	81.7	30277	86.4
40	智利	0.819	79.3	14987	89.4

续表

HDI位次	国家/地区	人类发展指数（HDI）	期望寿命（岁）	人均国民总收入（GNI）(美元)	城市化率（%）
55	俄罗斯	0.788	69.1	14461	74.0
61	墨西哥	0.775	77.1	12947	78.4
85	巴西	0.73	73.8	10152	84.9
101	中国	0.699	73.7	7945	51.9
121	南非	0.629	53.4	9594	62.4
137	印度	0.554	65.8	3285	31.6
146	孟加拉国	0.515	69.2	1785	28.9
HDI组别					
极高人类发展水平		0.905	80.1	33391	81.2
高人类发展水平		0.758	73.4	11501	74.1
中等人类发展水平		0.64	69.9	5428	43.7
低人类发展水平		0.466	59.1	1633	33.6
世界		0.694	70.1	10184	52.6

资料来源：人类发展报告[4]。

城市化水平与人类发展水平直接相关。实现民族复兴的中国梦，提升城市化品质和水平，具有严峻的现实挑战，也是未来发展的战略任务。低碳城镇化通过关注人类发展水平的改善、关注新能源开发与新技术的应用，实现集约、节约、绿色发展，提升城市化质量，建设资源节约型、环境友好型社会，实现民族复兴与中国梦这一战略要务。

低碳城镇化是全球化石能源供应日益短缺这一资源约束下的必然选择。在相当程度上，传统城镇化严重依赖化石能源提供建设和运行的动力。2010年，经济合作与发展组织（OECD）国家中约有总人口12.3亿，其中约有10亿人口居住在城市，能源消费总量达54.1亿吨油当量。中国从改革开放初期能源消费不足6亿吨油当量增加到2000年的10亿吨油当量，再到2010年的24.7亿吨油当量。这反映了我国城镇化过程中也高度依赖能源供应增长的特点。到2030年，预计中国人口将达到14亿，其中，近10亿人口居住在城市[5]。如果按照2010年OECD城市运行的人均能源消耗计算，2030年中国14亿人口需要消耗能源总量可能高达60亿吨油当量。根据英国石油公司2013年的数据，我国探明储量和开采量之比即储采比，石油为11，煤炭为31[6]。在我国化石能源短缺的现实中，确保能源安全必须走低碳城镇化道路。

低碳城镇化是实现气候环境安全的必经之路。政府间气候变化专门委员会第五次评估报告进一步明确人类二氧化碳排放的全球增温效应，需要大幅碳减排。2012年，我国碳排放总量占全球1/4以上，人均碳排放也接近欧盟平均水平。笼罩全国的雾霾，归因主要是化石能源燃烧。无论是能源安全、气候安全还是环境安全，无论是现实还是未来，中国的城镇化只能走低碳道路。

二　我国低碳城镇化战略的内涵与目标

我国环境与资源禀赋不足以支撑常规的高碳高排放的城镇化发展模式。我国的城镇化规模大、速度快、进程长，面临土地、能源、水资源短缺和环境恶化等诸多挑战，而这些挑战最终受制于碳预算的刚性约束。可见，碳预算也就是低碳，是城镇化战略发展的一种终极边界。低碳仅仅是简单的节能减排吗？在战略和宏观层面，低碳城镇化远远超出“碳”的内涵。

（一）空间与规模协调的城镇化才是低碳城镇化

1990年代以来，中国城镇化进程中人口流动指向北京、上海、广州等超大城市和区域性中心城市，出现规模越大膨胀越快的特大、超大城市“极化”凸显的城镇化现象。2000年后，我国城市规模增长加速，高位次城市集聚式发展倾向凸显[7]。特大城市和大城市人口膨胀速度最快，中等城市次之，小城市增长相对较缓。同时，一线城市的经济规模庞大与广大中小城市生产值总量不高并存[8]。简言之，国内省会及以上城市聚集了全国主要的人口与财力。

伴随国内城市极化发展，超大型城市交通拥堵、环境污染、资源供应紧张、失业率攀升和基础设施维护成本上升等“城市病”现象日益突出[9]。针对典型城市“城市病”的量化研究成果表明，目前，我国“城市病”涉及自然资源短缺、社会资源短缺、环境恶化及交通拥堵四大领域。最为突出的领域是自然资源短缺和环境恶化。城市病综合情况最为严重的样本城市首先是北京。北京因空气质量未达二级以上天数多，雾霾重而被世人称为“首毒”。其次是南京和上海，代表数据如表3所示[10]。日益恶化的“城市病”问题，对城市居民的生活和工作已经造成实质性的不良影响，并将可能演变为激发社会深层矛盾的温床。

表3 2010年9座城市5项指标数据

城市	人均能源缺口（吨标准煤）	生活污水未处理率（%）	生活垃圾未处理率（%）	空气质量未达二级以上天数（天）	工作日交通拥堵指数
北　京	2.42	19	3.1	79	6.14
上　海	4.76	19	18.1	29	5.72
广　州	4.58	11.94	8.04	8	5.53
天　津	1.11	14.7	0	57	5.26
重　庆	0.54	17	1.2	54	4.96
南　京	3.35	40.84	20	63	5.41
杭　州	3.64	4.6	0	51	5.68
石家庄	3.82	4.7	0	46	4.76
武　汉	3.97	5.04	14.99	81	5.15

越来越严重的“城市病”表明，当前城镇化模式并不是一条科学的、可持续的道路，更不是一条低碳城镇化道路。这是因为，北京、上海、广州等特大、超大城市的人口规模、用地、用水、用能和房地产价格已经超出了环境和社会承载能力，吸附了全国大量的金融资本，挤占了小城镇发展用的大量资源，加剧了中国城乡之间、东中西部之间、大中小城镇之间发展的不平衡。自身已经不堪重负的超大城市还要承担辖区范围外的全国或区域人口的高端教育、文化、医疗等服务，带来了城市交通拥挤、环境质量恶化、水源严重短缺、能源过度消耗等问题。

国内超大城市的典型代表，如北京、上海，既是当前城镇化及城市发展模式的缩影，也是国内“城市病”现象最为集中和突出的地区，更是作为中国能否实现低碳转型与如何实现低碳发展的代表性地区而备受关注。1991~2008年期间，北京碳排放增长最快，比1990年增长了273%；上海次之，增长了237%。两个城市分别是同期全国平均水平的2倍和1.73倍。预测显示，北京、上海的能源消费量与碳排放均呈现先上升后下降的“倒U

形”曲线特征。其中，北京在2029年达到碳排放高峰值61.79Mt碳，上海则是在2040年达到高峰值181.08Mt碳，上海的碳排放量远高于北京。就能源消费量而言，北京最先出现峰值，2029年达到88.25Mtoe；上海能源消费高峰出现的年份比北京晚，在2040年达到262.34Mtoe[11]。

鉴于此，主推空间与规模协调，促使城市社会服务的本地化，减少和消除城市资源过度“极化”造成的城市病，避免城际交通和城市内部资源匮乏导致的高碳锁定，实现低碳城镇化，是我国未来发展的战略要务。目前，中国城镇化模式以集中型为主，即非平衡扩张的城镇化。虽然，城镇化非平衡扩张模式在其初期有利于集中资源，创造规模经济效应，但是，进入发展中后期，往往因极化发展而引发要素价格过高和经济剧烈波动等问题。城市化非平衡扩张模式引起的经济发展不平衡达到一定程度，将“倒逼”城镇化模式自我变革[12]。国内学者研究指出，当前全国人均GDP冲破3000美元，中国已经进入城市化选择的战略期，应谨慎调整并选择适合自身发展的城市化模式[13]。

（二）遵循自然规律的城镇化才是低碳城镇化

城镇化发展服从自然规律，符合生态平衡原理，与当地的环境容量、气候容量以及资源承载力相匹配，是科学发展观的要求，是城镇化低碳的标准。城市化是区域经济集聚的具化形态，是资本积累同资源环境共同作用的结果。城市设施建设和运行离不开自然资源。随着城市规模的扩张，自然资源与生态环境对其约束效力受到削弱，但仍是城市规模扩张可持续与否的决定性因素。事实上，伴随城市规模的扩张，人口不断聚集，生活及生产消耗增大，城市内部与周边自然资源开采及环境负荷加剧，不断逼近城市资源承载力的阈值。国内关于北京等14个大城市的综合承载力评价研究结果显示，环境及资源已成为上述城市发展的短板，即资源要素供给能力与城市规模扩张速度的不匹配，已经对城市发展产生实质性的不利影响[14]。

部分地区的非典型城市建设明显背离了可持续发展原则，罔顾当地资源承载力的实际水平，应当警惕并纠正以避免无法挽回的环境恶果和经济损失。譬如，黄河上中游一些干旱半干旱地区，水资源极度缺乏，大量抽取黄河水、地下水，搞山水景观、湿地公园、人造绿地，表面上看起来是“生态”，实际上是高碳。这是因为，高压抽水解决市内荒漠山地绿化问题，要靠巨大的能源消耗来实现与维持，不符合自然规律，因而也不是低碳的。许多大城市竞相建造“世界第一高楼”，例如长沙甚至要建高度为838米的“天空城市”。表面上看，是土地利用的高度集约，但实际上，其建造、运行、维护的能耗和环境影响，要远大于高度适中的建筑。

值得欣慰的是，国内稳步推进的节能减排、循环经济建设、低碳城市试点等工作，不仅得到地方相关方面的积极响应并获得了显著成效，也体现了我国发展方式转变与城镇化转型的主导方向。譬如，参照海外循环经济实践，我国于2000年始推循环经济试点，改造既有生产模式，逐步规范化进而列入“十一五”国家发展规划，并取得了阶段性成效。作为能源和原材料基地，山西的能源等资源消耗量巨大，污染情况严重，节能减排与环境压力大。开展上述实践后，山西实行环保一票否决制和末位淘汰制，陆续推行蓝天碧水工程、造林工程、天然林保护工程，国家重点监控的5个城市相继全部退出了十大污染最严重城市之列[15]。又如，贵阳市通过发展循环经济带动当地实现生态保护跨越式发展。该市将循环经济和生态城市建设纳入规划框架，启动循环经济试点项目，参与国家生态工业示范基地共建项目。从城市环境指标来看，贵阳市取得的成果是值得肯定的，例如当地生活垃圾无害化处理率在2003～2007年间提高了92.93%，SO_2排放量在2003～2008年间降低了42.99%。

低碳城镇化要深度分析当地优势与劣势，利用当地的特点与现有资源，发展相应的产业，以当地生态容量与资源承载力为红线。因为城镇扩张期间所产生的影响，尤其对城镇及其周边区域生态安全的影响日益为人们所重视。城镇化无疑加剧人地矛盾，根据城镇扩张的生态安全格局及其生态承载阈值，引导城镇扩张规模的合理调整，是可持续城镇化及其发展的基础。国内学者在城市生态系统健康评价、城市生态安全等方面已经积累了一定的研究成果并形成了相应认识[16,17]，而城镇扩张生态安全格局更是其中的重要研究领域[18]。上述研究指出，在维护城镇生态安全的前提下，预测城镇空间扩展规模和发展格局，进而落实到城镇空间规划中，通过分析现状用地的利用方式、生态敏感性、生态适宜性等，建立城镇扩张用地的生态安全等级，有利于控制城镇无序蔓延，保障区域生态安全。

（三）以民为本的城镇化才是低碳城镇化

利润驱动的工业化和城镇化，排斥就业，污染环境，限制农业转移人口市民化，扩大城乡收入差距，城市形态上有空间上的外延扩张，但没有体现以民为本的宗旨，形成了高碳锁定，阻碍低碳城镇化。“十一五”期间，我国工业能源消耗由2005年的15.95亿吨标准煤增加到2010年的24亿吨标准煤，约占全社会总能耗的73%；钢铁、有色金属、建材、石化、化工和电力六大高耗能行业能耗占工业总能耗的比重由71.3%上升到77%左右。发达成熟的经济体，工业能耗只占总能耗的30%左右，体现生活品质的交通和建筑分别占30%和40%左右。我国当前的能源消费需求结构，不仅表明我国城镇化进程漫长而艰难，更表明我国提升生活品质的低碳城镇化任务的紧迫性。

尽管国内居民生活碳排放较工业生产碳排放规模小很多，且占全国碳排放总量的比重稳中有降，但是，随着城镇规模迅速扩张，城镇居民生活用能及碳排放正进入快速增长的阶段，居民生活产生的碳排放对节能减排的影响力也将发生重大转变。由于生活用能碳排放比重高且节能减排空间大，控制家庭生活碳排放已成为欧美等城镇化水平高且经济发达国家的节能减排政策的重点领域。与之有别，我国国内节能减排政策措施仍集中在工业生产领域。未来，中国将从工业化带动城镇化转变为城镇化拉动工业化，正视并重视城镇化居民生活用能及其碳排放特点，制定合理可行的生活领域节能减排政策工具，具有重要的实现意义。其间，正确认识城镇居民与农村居民在生活领域用能的差异尤为重要。

国内学者通过比较城镇居民与农村居民生活用能及碳排放量年度数据，发现城镇居民收入增加将促进其生活碳排放量增长，而农村居民收入增加则有助于生活用能及碳排放量的减少[19]。上述现象源于城乡收入水平的显著差距以及农村能源结构。因此，当前政策主导的城镇化推进模式，可能无法迅速提升农村转移人口的收入水平，但却迅速改变了他们的生活能源供给结构，进而增大了扩张中城市的节能减排工作难度。另外，尽管电力是城镇居民的主要生活用能来源，但是火电主导的供电结构在城镇化迅速推进期仍将加剧社会碳排放增长的严峻形势。因此，低碳城镇化中不可忽视优化城镇电力供给结构，以绿色易获取的低碳廉价发电资源能源替代传统能源，以缓解上述阶段性矛盾。

客观上，城镇化将改变农村居民，甚至移入城市的原城镇居民的生活成本，而城镇化的低碳转型将对上述生活成本产生影响。此类影响的主导方向及力度在极大程度上将反映我国低碳城镇化建设科学与否，以及是否体现以民为本的思想。目前，关于城镇不断扩张而居民生活成本大幅攀升的现象已受到社会各界的广泛关注。一项针对35个城市生活质量的调查结果显示，高生活成本成为损害居民城市生活质量满意度的最重要因素[20]。此项研究分别从生活成本主观满意指数与生活成本客观满意指数两方面观察生活成本，指出生活成本主观指数排名靠后的城市，生活质量主观满意度总指数排名也相对靠后。生活成本对居民城市生活满意度的影响力度已超过生活水平、人力资本、社会保障及生活感受等方面。

尽管，上述调研强调通货膨胀及房价高企是受访者最关注的两大生活成本因素，不过，考虑政府管理通货膨胀的常用方法包括能源价格管理，即政府对能源价格进行管制将影响能源补贴改革对居民收入和消费的冲击[21]，因此，涉及能源价格政策的低碳城镇化借助上述渠道对城镇居民生活满意度的影响无疑是广泛而深刻的。以化石能源补贴政策为对象，国内学者的研究结果显示，尽管居民能源消费支出比例较小，能源补贴改革对其直接影响有限，但其间接影响却不容忽视，因为取消补贴将引起能源价格上涨，从而带动其他大宗商品价格上涨，引致成本推动型通货膨胀。综上，贯彻以民为本，是合理科学推进低碳城镇化的重要基础。

（四）乡土田园自主型城镇化才是低碳城镇化

我国自上而下推动的以大工业、大城市建设为主的城镇化导致的造城运动，以及自下而上的粗放型小城镇建设，使得许多山水田园、低碳、生态和谐的城镇和村庄不复存在。所谓自上而下的城镇化，是政府按照城市发展战略和社会经济发展规划，运用计划手段发展若干城市并安排落实城市建设投资的一种政府包办型的强制性制度变迁模式；自下而上的城镇化则是农村社区、乡镇企业、农民家庭或个人等民间力量发动的一种由市场力量诱导的自发型的诱致性制度变迁模式[22]。

20 世纪 50 年代以来，自上而下的城镇化与自下而上的城镇化交替推动着中国城镇化进程，两者互为补充，相互强化。然而，80 年代以后，自下而上的城镇化一度成为推动中国市场经济迅猛发展的主要动力，如 1980 年中国有建制镇 2600 个，1994 年底达 16702 个。自下而上的城镇化不仅综合了城镇与乡土两种经济发展模式，而且融合了城市与乡村两类生活形态。同时，自下而上形成的城镇还将分散的农村工业适度集中，形成了农村工业地域载体，不过，此类模式形成的农村小城镇和集镇多以分散、规模相对较小、粗放经营为主的乡村工业经济为特征，因而造成发展无序化和生态环境恶化等问题，并加大了中国经济发展的资源环境压力。

因此，加快小城镇发展方式转变，引导新兴小城镇低碳转型具有重要战略意义。费孝通曾提出“小城镇大文章”，钱学森指出“山水城市是我国城镇化道路的重要选择”。乡土自主型城镇化，是农村自主参与的城镇化，能更好解决当地的农民问题。乡村有自己的优势，如分布式能源的应用、低成本高福利的绿色产业、小型有机多样化农场等经济模式。乡土自主型城镇化可以实现就地消化，就地供给，是一种真正的低碳、环保、节能、循环的城镇化模式。低碳城镇化能使乡村让人们更向往，应当抓好“就地化”与“田园式”两大关键词。

所谓就地城镇化，是指区域经济社会发展到一定程度后，农民在原住地一定空间半径内，依托中心村和小城镇，就地就近实现非农就业和市民化的城镇化模式[23]。国内研究及调研结果显示，就地城镇化在经济发达地区有较多实践，如浙江湖州、江苏武进和昆山以及北京密云蔡家洼村等地的调研显示，尽管地区居民统计上多为农业户口，但当地水电路、学校和医院等基础设施水平已与周边城镇相近。就地城镇化还是经济欠发达地区城乡一体化的重要途径。事实上，就地城镇化已为一些发达国家所普遍采纳，成为缓解特大城市和大城市“城市病”的重要途径，最为典型的代表如德国。

目前，田园城镇建设已在国内部分地区启动，如成都等地初步形成的现代田园城镇建设构想，江苏太仓启动的相关规划实践[24]。田园城镇为英国社会学家霍华德率先提出，旨在疏散过分拥挤的城市人口，限制城市过度膨胀。为健康的生活和产业而设计的城市，兼具城市与乡村两者的优点，体现“自然之美、社会公正、城乡一体”。事实上，田园城镇理论在其提出以后的一百多年来，对世界城市规划建设与世界城市发展产生了深远影响。现代田园城镇亦被认为代表了当今中国城市建设发展的新方向。

（五）明确并严格执行低碳目标才能实现低碳城镇化

目前我国已经有超过1/3的城市提出建设“低碳城市”。事实上，近几年低碳城市建设已经成为各地城市发展的新模式，天津、唐山、保定、合肥、深圳等城市不约而同地提出建设低碳城市的目标，其中有的城市已经启动低碳城市的规划建设，如天津正在进行滨海新区低碳生态城建设。一方面，中国正在推行的园林城市、山水城市、历史文化名城等城市发展形态为低碳城市奠定了良好的基础。另一方面，中国很多大城市都新建卫星城来疏解主城区日益重叠拥挤的服务功能和超高密度的人口，这些新建卫星城都可以采取低碳城市的模式。

从城市低碳发展政策的实施状况来看，因缺乏系统性政策指导，处于探索阶段的城市低碳发展政策在实施中出现了一系列误区。在完成“低碳”分配任务的过程中，全国出现的“柴油荒”“拉闸限电”现象，暴露出相关管理的混乱，传统管理机制已难适应构建低碳城市的要求。许多城市更是在低碳的名义下，行高碳发展之实。一些城市，大建摩天大楼，追求高能耗的工程措施治理污染，热衷于“王者风范”的奢靡消费模式，一旦高碳锁定，低碳成本将更高、时间更长、难度更大。发达国家低碳转型举步维艰，已经清楚地说明这一点。实际上，我国的一些城市，例如北京、天津、上海，人均碳排放均已超过纽约、伦敦、东京。

低碳，是一个刚性约束，表观测度。从颁布《可再生能源法》到修改《节能法》，再到出台《中国应对气候变化国家方案》，旨在促进经济发展低碳转型的政策轮廓日益清晰。《中华人民共和国国民经济和社会发展第十二个五年（2011~2015年）规划纲要》（以下简称“十二五规划”）提出

2011～2015年经济社会发展主要目标时，不仅延续“十一五规划”的单位国内生产总值能源消耗指标考核，同时增加了“非化石能源占一次能源消费比重达到11.4%”的新要求。围绕“绿色发展”主题，“十二五规划”区别于“十一五规划”的另一项重要新指标是“二氧化碳排放强度”。“十二五规划”提出2011～2015年单位国内生产总值二氧化碳排放降低17%。该指标虽然进行地区分解，但不同于能源强度指标实施的年度考核办法，而是采取规划期内中期评估和期末考核的办法。

实践证明，没有目标的低碳发展，不可能有效实现我国发展方式的转变。同样，没有目标的低碳城镇化，不可能有效实现低碳转型。如果京津沪将人均碳排放目标定在2020年实现人均大约5吨的水平，则产业结构、交通模式、消费选择必将出现根本性转变，一些行政权力集中造成的对经济资源的垄断，也将在低碳目标的刚性约束下出现改观，资源将向中小城镇分散转移。如果我们将中小城镇人均碳排放定在欧盟人均8吨的水平，目前的空间大约只有2吨，中小城镇的规划、建设、产业选择、能源结构、交通、消费行为等，也将有一个刚性的约束。

三　我国低碳城镇化的路径

低碳城镇化的路径，当然要考虑技术层面的选择，例如节能、可再生能源、经济刺激等。但是，技术层面的选择必须植根于战略层面的路径，从根本上实现低碳城镇化。

（一）着力推进产业结构优化升级

我国城市低碳发展既有存量升级改造的问题，也有增量优化调整的问题。低碳城镇化作为低碳转型期间经济的新的增长点，带动着上百个产业部门几万种产品。低碳城镇化中的主要新产业集中于第三产业部门，具有低碳、低能耗等特点，这对于促进中国转型发展有着至关重要的影响。针对我国城镇化发展的现状，促进城市经济低碳发展，必将在改造提升高碳型传统产业、发展低碳型新兴产业，以及提高第三产业的比重方面寻求突破，逐渐实现产业结构的低碳化调整。

首先，大力发展低碳型新兴产业，实现工业增量的低碳化。城市低碳发展，必须首先从产业增量上，限制高能耗、高排放行业的过度膨胀，大力发展具有低碳特征的新兴产业，特别是节能环保、新一代信息技术、生物、高端装备制造、新能源、新材料以及新能源汽车等战略性新兴产业，从根本上减少二氧化碳的排放。

其次，改造提升高碳型传统产业，实现工业存量的低碳化。我国目前“高消耗、高排放、高污染、低效益”的传统产业仍占有主导地位，因此改造提升传统产业对实现城市的低碳发展具有十分关键的作用。对现有产业的调整改造和转型升级是优化城市产业结构、推动城市向低碳经济发展的另一重要途径。

再次，加快发展现代服务业，推动三次产业结构的低碳化。统计数据表明，全国工业平均碳排放强度大致是服务业的5倍[25]。因此，提高服务业在城市经济中的比重，降低工业所占比重，减轻城市发展对高碳排放的第二产业的过度依赖，是在城镇化过程中实现产业结构升级和促进低碳经济发展的有效途径。

（二）消费模式与生活方式转型是关键

低碳城镇化涉及消费模式、生活方式、生活观念和地区发展权益等问题。推动“高碳消费方式”向“低碳消费方式”的转变，是低碳城镇化的重要组成部分。转变生活方式与消费观念，强化低碳意识，一方面，通过强调商品生产者的环境履责情况，从消费端引导上述生产单位提升环境意识；另一方面，削减城市非必要生活垃圾产生量及污染物排放量，弱化城市对周边城镇施加的环境压力。

低碳城镇化亦是民生工程，有利于协调城乡关系，加速社会主义新农村建设，有利于推进城乡居民消费结构的升级，提高其生活质量与健康水平。在通过工业化解决了“吃、穿、用”之后，要有效解决目前严重短缺的“住、行、学”等问题[26]，并在资源环境约束下继续做好“吃、穿、用”的供给，推进工业低碳化转型以及加快发展低碳城镇经济。通过扩大消费性投资解决“住、行、学”等供给不足，同时推进低碳适用技术在上述领域的广泛应用，营造社会发展与环境良好的和谐局面，是低碳城镇化建设的重要组成部分。

低碳城镇化还需正确处理好消费规模扩大与结构升级之间的关系。为缓解城镇化发展和消费升级对区域碳排放的压力，引导城镇居民生活方式有序合理转变，调整消费模式和核心特征，关键还应控制区域人口规模与结构、城镇化主导模式与速度，建立资源节约和环境友好型的消费政策体系，规避消费主义，引导居民杜绝浪费行为，主推绿色、健康和环境友好型消费模式。同时，加快推进节水、节能与绿色能源建筑建设，缓解城镇化进程中居民生活方式转变与消费方式升级引发的水资源与能源供求矛盾。

（三）集约、智能、绿色发展是抓手

集约的资源利用模式、紧缩的城市形态是低碳城市建设的基础。集约化是指在最充分利用一切资源的基础上，更集中合理地运用现代管理与技术，充分发挥人力资源的积极效应，以提高工作效益和效率的一种形式。集约化的土地利用在减少资源的占用与浪费的同时，也使土地功能的混合使用、城市活力的恢复以及公共交通政策的推行与社区中一些生态化措施的尝试得以实现，这有利于分摊环保设施运营成本，提高收益率，促进高碳城市发展模式向低碳城市发展模式转变。

智能化技术设施为低碳城市建设提供了前所未有的大好机遇。通过物联网和互联网整合城市资源，智能化工程可以实现快速计算分析处理，对网内人员、设备和基础设施，特别是交通、能源、商业、安全、医疗等公共行业进行实时管理和控制。智能城市可以在政府行使经济调节、市场监管、社会管理和公共服务等职能的过程中，为其提供决策依据，使其更好地面对挑战，创造一个和谐的生活环境，促进城市的健康发展。

绿色概念向城市部门渗透，成为低碳城市建设的重要组成内容。建筑部门及交通部门能耗在城市总能耗中比重偏高。当前，绿色建筑与绿色交通已成为低碳城市的重要组成部分。绿色建筑能最大限度地节约资源、保护环境

和减少污染，又能为人们提供健康、适用、高效的工作和生活空间。绿色交通则通过建立低污染并有利于城市环境多元化的协同交通运输系统来节约建设维护费用和能源消耗。微观层面的绿色建筑设计与中观层面的绿色交通设计成为宏观层面的低碳城市设计的重要抓手。

综上，集约化、智能化与绿色设计使科学合理地解决城镇化进程中自然资源、居住条件、交通状况、工作环境、休憩空间等诸多问题成为可能，使其在使用周期内，最大限度地节约资源、优化环境和减少污染，有利于低碳城镇化的顺利推进。

（四）避免高碳锁定的科学规划是前提

2011年，美国碳排放总量占世界的16%，虽然低于我国的28%，但人均碳排放量为17.2吨，远高于我国的人均6.2吨。其中美国交通能耗占总能耗的40%。美国发展模式是一种典型的高耗能、高碳排放、不可持续的模式。这种模式一旦形成，一段时期内很难改变，碳排放持续高企，称为美国式的高碳锁定。我国城市不是越大越好，也不是越小越好；城镇化率不是越高越好，也不是速度越慢越好。科学理性发展的核心，是新建城市、新建设施与新建产业要避免美国式的高碳锁定。

要避免高碳锁定，需要有理性的城镇化发展规划。理性的城镇化发展规划要将生态文明的理念和原则融入城镇化进程，要考虑碳的预算约束。考虑碳的预算约束不仅带来巨大的原材料需求、劳动力需求和消费品市场需求的机遇，构成经济增长的巨大动力源，更重要的是它还关乎国家能源安全和对全球生态安全的贡献。理性的城镇化发展规划要倡导发展低碳韧性城市。低碳韧性城市是指在城市治理和规划设计中，协同考虑温室气体减排和应对气候灾害风险的不同需要，采用适应性管理理念，实现生态完整性和可持续城市的目标。低碳韧性城市需要转变传统的城市管理模式和治理理念，从目标、政策和手段等方面进行协同管理[27]。

（五）强化公众参与制度建设是保障

公众参与制度建设为低碳城镇化发展提供了有效的制度保障。有别于公共权力资源配置的单极化和公共权力运行单向性强的传统制度，公众参与制度通过地区民众自身积极、主动、广泛的参与，顺利实现政策目标和地区的可持续、有效益发展，同时使地区民众共享发展成果。建立低碳城镇化的公众参与制度，能推进低碳意识的社会化，发挥其社会引导和转型功能，为政府提高公共管理效率提供保障。

公众参与制度有益于低碳城镇建设质量的提高与公共利益的实现。低碳城市建设是一系列专业性较强的公众决策集合，需满足各类技术规范标准。公众出于专业知识限制，一般很难完全理解政策中所包含的专业信息。现阶段节能环保标识的应用，是实施低碳标准的重要途径，是解决上述问题的途径之一。低碳标准标识制度实质上是政府对用能产品的生产和使用产生的环境外部性及用能产品生产者与消费者产品能效信息不对称问题的管制措施。再者，继续完善公众参与方式、支撑技术及平台建设，亦有利于切实提高公众参与的有效性。

低碳城镇化进程中，为公众参与城镇规划创造适宜的制度环境具有现实意义。创建有利于公众合理参与的城镇规划环境，需要树立理性包容的城市规划价值取向，兼顾公平效率、突出以人为本、公共利益优先等基本原则[28]。同时，比较、借鉴、吸取西方城市规划中公众参与国内相关实践的经验，统筹协调规划技术人员、政府政策制定者、企业及公众相关代表等方面，表达合理的利益诉求，形成有效的协商机制，并以完善的法律制度为支撑[29]。

Connotation and Objectives of China Low-carbon Urbanization Strategy: A Macroscopic Perspective

"Study on Low-carbon Urbanization Issues in China" Research Group

Abstract: The practice of Low-carbon urbanization involves so many key areas of transformation of China's economic growth pattern that influences sustainable development. This paper identifies the connotation and aims of China low-carbon urbanization and path towards it. In the paper, optimizing urban spatial distribution, obeying the nature laws, insisting on people-oriented principle are regarded as keys to China low-carbon urbanization, as well as promoting local urbanization for garden type and establishing carbon emission reduction targets. It suggests that China low-carbon urbanization should be guided by the principle of intensive, smart and green development principle, based on low-carbon oriented urban development plan, characterized by industrial structure and consumption structure upgrading, and ensured broad public participation.

Key Words: Low-carbon Urbanization; Urban Spatial Distribution Optimization; People-oriented Principle; Garden City; Upgrading Industrial Structure; Intensive Intelligent Green Development; Consumption Upgrading; High-carbon Lock-in; Public Engagement

参考文献

[1] 马晓河等:《中国城镇化实践与未来战略》[M]，中国计划出版社，2011 年 9 月版。

[2] 潘家华、魏后凯等主编《2013 城市蓝皮书：中国城市发展报告 No. 6：农业转移人口的市民化》[M]，社会科学文献出版社，2013。

[3] 魏后凯:《加快户籍制度改革的思路和措施》[J]，《中国发展观察》2013 年第 3 期，第 15 ~ 17 页。

[4] Khalid Malik 等:《2013 年人类发展报告：南方的崛起：多元化世界中的人类进步》，http: //hdr. undp. org/en/reports/global/hdr2013/http: //datacatalog. worldbank. org/。

[5] 国家发改委宏观经济研究院课题组、马晓河等:《迈向全面建成小康社会的城镇化道路研究》[J]，《经济研究参考》2013 年第 25 期，第 3 ~ 34 页。

[6] BP Company, "BP Statistical Review of World Energy", June 2013 http: //www. bp. com/content/dam/bp/pdf/statistical-review/statistical_ review_ of_ world_ energy_ 2013. pdf.

[7] 严永涛、冯长春:《中国城市规模分布实证研究》[J]，《城市问题》2009 年第 5 期，第 14 ~ 18 页。

[8] 刘爱梅、杨德才:《城市规模、资源配置与经济增长》[J]，《当代经济科学》2011 年第 33（1）期，第 106 ~ 113 页。

[9] 姜爱华、张弛:《城镇化进程中的“城市病”及其治理路径探析》[J]，《中州

学刊》2012 年第 6 期，第 103 ~ 105 页。
[10] 李天健：《我国主要城市的城市病综合评价和特征分析》[J]，《北京社会科学》2012 年第 5 期，第 48 ~ 54 页。
[11] 黄蕊、王铮一、朱永彬、马晓哲、刘晓、刘昌新：《上海、北京和天津碳排放的比较》[J]，《城市环境与城市生态》2012 年第 25（2）期，第 23 ~ 26 页。
[12] 刘爱梅、杨德才：《城市规模、资源配置与经济增长》[J]，《当代经济科学》2011 年第 33（1）期，第 106 ~ 113 页。
[13] 中国经济增长与宏观稳定课题组：《城市化、产业效率与经济增长》[J]，《经济研究》2009 年第 10 期，第 4 ~ 21 页。
[14] 罗凤金、许鹏、程慧：《大城市承载力研究》[J]，《调研世界》2012 年第 4 期，第 53 ~ 57 页。
[15] 曹旭：《中国发展循环经济的类型以及区域效果分析》[J]，《城市发展研究》2013 年第 20（8）期，第 88 ~ 94 页。
[16] 李文华、张彪、谢高地：《中国生态系统服务研究的回顾与展望》[J]，《自然资源学报》2009 年第 24（1）期，第 1 ~ 10 期。
[17] 俞孔坚、王思思、李迪华等：《北京城市扩张的生态底线——基本生态系统服务及其安全格局》[J]，《城市规划》2010 年第 34（2）期，第 19 ~ 24 页。
[18] 马克明、傅伯杰、黎晓亚等：《区域生态安全格局：概念与理论基础》[J]，《生态学报》2004 年第 24（4）期，第 761 ~ 768 页。
[19] 李科：《我国城乡居民生活能源消费碳排放的影响因素分析》[J]，《消费经济》2013 年第 29（2）期，第 73 ~ 76 页。
[20] 中国经济实验研究院城市生活质量研究中心：《高生活成本拖累城市生活质量满意度提高：中国 35 个城市生活质量调查报告（2012）》[J]，《经济学动态》2012 年第 7 期，第 25 ~ 34 页。
[21] 蒋竺均、邵帅：《取消化石能源补贴对我国居民收入分配的影响：基于投入产出价格模型的模拟分析》[J]，《财经研究》2013 年第 39（8）期，第 17 ~ 27 页。
[22] 辜胜阻主编《中国跨世纪的改革与发展》[M]，武汉大学出版社，1996。
[23] 马庆斌：《就地城镇化值得研究与推广》[J]，《宏观经济管理》2011 年第 11 期，第 25 ~ 26 页。
[24] 徐卫岗：《现代田园城镇的性状及实践取向试探》[J]，《江南论坛》2013 年第 7 期，第 25 ~ 26 页。
[25] 刘新宇：《论产业结构低碳化及国际城市比较》[J]，《生产力研究》2010 年第 4 期，第 199 ~ 202 页。
[26] 王国刚：《城镇化：中国经济发展方式转变的重心所在》[J]，《经济研究》2010 年第 12 期，第 70 ~ 81 页。
[27] 郑艳、王文军、潘家华：《低碳韧性城市：理念、途径与政策选择》[J]，《城市发展研究》2013 年第 3 期，第 10 ~ 14 页。

［28］李迎成、赵虎：《理性包容：新型城镇化背景下中国城市规划价值取向的再探讨——基于经济学“次优理论”的视角》［J］，《城市发展研究》2013年第20（8）期，第29～33页。
［29］陈志诚、曹荣林、朱兴平：《国外城市规划公众参与及借鉴》［J］，《城市问题》2003年第5期，第72～75页。

中国城镇化新路

◇宋迎昌*

【摘　要】　从历史的角度看，中国城镇化战略越来越受到重视，但是半城镇化积累的问题十分严重，城镇化制度安排滞后。现实中，城镇化成就显著，但是不协调、不均衡、不持续、不全面等问题突出，表现为土地城镇化盛行，民生问题突出，转型发展任务艰巨。未来，要从战略高度作出城镇化的顶层制度安排，全面推进以人为核心的城镇化，全民共享城镇化发展成果。

【关键词】　城镇化战略　城镇化制度　城市民生　城镇化成果

一　中国城镇化发展的历史审视

1949年新中国成立以来，中国的城镇化走过了一条艰难曲折的发展道路。回顾过去，我们发现许多方面值得我们回味。

（一）城镇化战略越来越受到重视

从新中国成立以来中国的发展历程看，工业化至上的指导思想逐步被

* 宋迎昌（1965～），男，中国社会科学院城市发展与环境研究所所长助理、研究员、博士生导师，主要研究领域为城市与区域管理。

“四化同步”的指导思想替代。新中国成立初期，党和国家把工业化作为加速我国经济社会发展和进行社会主义建设的主要手段，全力推进工业化。1949～1957年期间，国家政策是工业化至上，城市发展服从于工业发展，城市规划服务于工业项目选址和布局。1958～1976年期间，在特殊历史背景下，把工业化至上推向极致，执行了工业化（重工业优先发展战略）和城镇化相分离的政策（工业布局执行靠山、分散、隐蔽的原则），导致工业发展和城市发展两败俱伤，教训深刻。1977～1999年，国家开始重视城市规划和建设工作，1980年确定“严格控制大城市规模，合理发展中等城市，积极发展小城市”的城市发展方针，1989年又修订为“严格控制大城市规模，合理发展中等城市和小城市”。2000～2005年期间，国家“十五”计划纲要首次提出“实施城镇化战略，促进城乡共同进步”“走符合我国国情，大、中、小城市和小城镇协调发展的多样化城镇化道路”“有重点地发展小城镇”。2006～2010年期间，国家“十一五”规划纲要提出，坚持大中小城市和小城镇协调发展，提高城镇综合承载能力，按照循序渐进、节约土地、集约发展、合理布局的原则，积极稳妥地推进城镇化，逐步改变城乡二元结构。2011年以来，国家“十二五”规划，特别是党的十八大报告将城镇化提高到前所未有的高度，提出工业化、信息化、城镇化和农业现代化“四化”同步的发展理念，体现了党和国家对城镇化规律的认识在不断深化。

（二）半城镇化积累的问题十分严重

城镇化是农村人口不断转化为城镇人口的过程，从理论上说它有三层含义：一是就业的非农化，二是居住的城镇化，三是待遇的市民化。

1978年改革开放以前，在高度集中的中央计划经济体制下，我国实行城乡二元管理制度，农村人口转化为城镇人口的渠道十分狭窄，而且主要由计划调配，就业非农化、居住城镇化和待遇市民化一步完成。改革开放后，国家允许农民进城务工经商，农村人口转化为城镇人口的渠道多元化，进而出现了就业的非农化、居住的城镇化和待遇的市民化相分离的现象。这种现象被称为不完全城镇化，或者半城镇化。

按照国家统计局的统计数据，2011年中国城镇化率是51.3%，这是按照居住地统计的城镇化率，同年就业非农化比率是65.2%，后者比前者高出13.9个百分点，说明有大量“离土不离乡、进厂不进城”的农村剩余劳动力存在，他们只实现了就业的非农化，并未实现居住的城镇化和待遇的市民化，是一种初级的城镇化，或者不完全的城镇化。

另外，中国还存在大量“离土又离乡”的农民工，他们长年在城镇务工经商，农忙季节或者节假日返乡，被统计为城镇人口，但是并没有市民待遇。据估计，1983年中国外出农民工约200万人，1989年达到3000万人，1995年突破7000万人，2002年突破1亿人，2012年突破1.6亿人[1]。由此可见，大量农业转移人口的存在，要求中国的城镇化，不仅要实现就业非农化基础上的居住城镇化，还要实现居住城镇化基础上的待遇市民化，城镇化的任务十分艰巨。

（三）城镇化缺乏顶层制度设计

从制度层面来说，中国的城镇化缺乏顶层设计，往往是“摸着石头过河”，实践推着政策走。时至今日，各地实践中暴露的弊端日渐显现。

一是集体土地处置如何保障农民权益尚缺乏顶层制度安排。宪法规定我国实行土地公有制，城镇土地国有，农村土地集体所有。城镇化的过程，就是城镇地域空间不断扩大的过程，就是农民不断转变为市民的过程。在这个过程中，农村集体所有的土地面积不断缩小，而城镇国有的土地面积不断扩大。集体土地转变为国有土地，在社会主义市场经济体制下，应该遵循“公开、公平、透明”的交易原则。但在实践中，土地增值收益绝大部分被地方政府和开发商占据，农村集体和农民享受的增值收益甚少。而且，村干部侵占集体土地收益的案例屡见不鲜。尽管十八大报告提出改革征地制度，提高农民在土地增值收益中的分配比例，但还没有上升到法律层面，分配比例具体有多高也没有明文规定，在实践中操作的弹性很大。还有，农民转变为市民后，农村宅基地和承包地如何流转，如何确保农民权益，如何实现农民“带资进城”，也没有完善的制度保障。

二是公共资源配置与要素流动如何协调在制度安排上明显滞后。公共资源配置权掌握在各级政府行政机关手中，要素流动受市场经济原则支配。理论上讲，二者应该相互协调、相互适应。但是在实践中，基于行政区划的公共资源配置与基于市场经济原则的要素流动如何协调缺乏制度安排。比如，在社会主义市场经济条件下，城乡居民应该有自由流动的权利，不应根据行政区划设置边界。但在实践中，人口跨行政区流动，往往遇到高昂的交易成本，比如目前的社会保障制度设置为地市级统筹，跨地市级接转难度大；电信、汇兑、教育、社会救助等也跟着行政区划走，而不是跟着人口流动走，造成人口流动障碍重重，不利于提高要素配置效率，这方面的顶层制度设计明显滞后。

三是城镇化推进如何考虑因地制宜缺乏顶层制度设计。中国地域辽阔，各地条件千差万别，推进城镇化理应因地制宜，不能搞“一刀切”。遗憾的是，在实践中，因地制宜缺乏制度保障，看领导的脸色、听领导的旨意、按领导要求的办往往是主流。于是，各种运动式的城镇化政策蜂拥而至。比如，国家倡导发展中小城市和小城镇，但缺乏针对性的政策保障。相反，偏爱大城市的投资政策、土地政策、规划政策、审批政策等层出不穷。大都市发展进入扩散阶段应该出台支持城市郊区化的政策，但是在实践中公共服务设施配套的政策不仅缺乏，而且执行不力。都市密集区理应出台同城化政策，促进要素跨行政区流动，但实践中各地画地为牢、封闭发展的现象十分突出。如何从顶层设计上确保各地差异化发展需要我们思考。

四是推进城镇化政府应该发挥什么样的作用也缺乏顶层制度安排。长期以来，我们习惯于政府“大包大揽”式的计划经济思维，在社会主义市场经济条件下，政府作用与市场作用的边界在哪里，一直是一个悬而未决的问题。实践中，政府越位、缺位、错位的现象十分突出，由此导致的公权泛滥、肆意破坏市场经济规则，甚至大搞权钱交易的不正当行为说明，政府职能定位和政府作用空间急需顶层设计，并用法律固定下来。许多地方在推进城镇化的实践中，肆意圈占土地，大造“鬼城”，反映的就是政府公权泛滥，几乎到了没有制约的地步。

二 中国城镇化发展的现实问题

中国城镇化发展到今天，取得的成就有目共睹：一是城镇化率超过50%，正在进入城市型社会，现代化任务完成过半；二是城镇化对经济社会发展的支撑作用明显增强，一批世界级的城市群展现在世人面前，许多企业进入世界500强名单，许多城市发挥了科技创新和文化创意中心的作用；三是城镇化过程中，居民收入和文化素质普遍提高，中等收入阶层正在崛起。同时，城镇化过程中出现的不协调、不均衡、不持续、不全面等问题，我们也不应该回避。

（一）土地城镇化盛行

城镇化的核心是以人为本，但在中国，由于利益驱动，土地城镇化大行其道，偏离了城镇化节约集约用地的本质。

一是土地城镇化快于人口城镇化。2000～2010年，中国城市建成区面积从2.24万平方千米迅速扩张到4.01万平方千米，城市建设用地从2.21万平方千米扩张到3.98万平方千米，年均增长率分别为5.97%和6.04%，远远高于同期城镇人口3.85%的年均增长速度[2]。这说明中国城市建设用地的使用效率不高，土地城镇化快于人口城镇化。同时也说明城市建设仍处于量的扩张重于质的提升阶段。随着土地资源日趋紧张，这种重量不重质的建设模式已经难以持续。

二是土地出让金收入大幅攀升。国土资源公报显示，2007年全国土地出让收入约1.3万亿元；2008年土地市场明显降温，土地出让总收入降至9600多亿元；2009年全国土地出让收入增长迅速，达1.59万亿元；2010年土地出让收入同比猛增70.4%，高达2.71万亿元；2011年进一步攀升到3.15万亿元；2012年因为土地调控加强和经济增速放缓，全国土地出让收入下降到2.69万亿元。2013年刚刚过半，一些重点城市的土地出让金收入又显示出爆发式增长态势。北京上半年土地出让金同比大增390%，上海同比增长277%，杭州更是同比增长504%[3]。可见，土地出让金收入已经成为地方政府争食的蛋糕，也是土地城镇化大行其道的动力源泉。但是，土地资源的有限性决定了靠卖地增加政府收入的模式不可持续，而且也加大了人口城镇化和产业聚集的成本。

（二）民生问题突出

长期以来，中国许多地方奉行的是增长导向型的城镇化，政府关注的是GDP和财政收入增长，似乎经济增长了，一切问题都可以解决。实则不然，伴随改革开放30多年的高速经济增长，城市民生改善并没有与之相适应。

第一，发展成果全民共享机制还没有建立起来。1990～2010年，中国GDP年均增速为10.46%，财政收入年均增速更是高达18.19%；但城镇居民人均可支配收入年均增速仅为8.24%，农民人均纯收入年均增速仅为5.76%。其结果是20年来全国GDP和财政收入分别增长了6.31倍和27.3倍，但城镇居民人均可支配收入和农民人均纯收入仅分别增长了3.87倍和3.07倍[4]。在国民收入初次分配中，政府收入所占比重不断攀升，居民收入所占比重不断下降。

第二，由于制度障碍、成本障碍、能力障碍、文化障碍、社会排斥、承载力约束等因素，农民工市民化进展缓慢。根据2010年全国第六次人口普查资料，截至2010年底，城镇中的本地非农业户口人口大约有3.62亿，市民化率仅为27.0%，低于当年常住人口城镇化率23个百分点。

第三，城市住房价格上涨过快。按照国际惯例，房价收入比在3～6之间为合理区间，超过6即可视为泡沫区。目前大部分大中城市房价收入比已经超过6，一线城市更是高达20以上。表明房价已经超过城市真正需求住房居民的购买能力。

第四，基本公共服务城乡、地区差距过大。中国的基本公共服务，包括教育、医疗、文化、体育、科技等主要集中在少数大城市的中心区，城乡、地区差距悬殊，导致农村居民、边远地区居民难以享受到高水平的基本公共服务。

（三）转型发展任务艰巨

2011年中国的城镇化率跨过50%的拐点，表明中国的城镇化已经进入转型发展时期，即由快速发展期转型为质量提升期，由粗放发展模式转型为低碳、集约、绿色发展模式，由增长导向型城镇化转型为民生导向型城镇化，这是中国城镇化发展的必然选择。但是，由于观念转变不到位，体制机制不完善，政策不配套，既得利益难割舍，转型发展任务十分艰巨。

第一，低碳绿色发展任重道远。目前中国缺水城市占2/3以上。按照2012年2月新修订的《环境空气质量标准》，全国有2/3的城市空气质量不达标。主要水体污染严重，半数城市出现过酸雨，2/3大中城市被垃圾包围。钢筋水泥丛林面积不断扩大，城市湿地面积锐减，生物多样性持续减少。城市地下水开采过度，全国发生地面沉降灾害的城市已经超过50个[5]。随着城镇化的推进，城市能源消耗也急剧上升。城市综合承载能力的不断下降给城镇化推进提出了新课题。建立在传统粗放发展模式基础上的经济体系，转型为低碳绿色发展模式基础上的经济体系，不可能一帆风顺。

第二，政府自身改革尚需时日。要将“全能政府”转变为“有限政府”，将“管控型政府”转变为“服务型政府”，无疑是一场“伤筋动骨式”的革命。这不仅需要自上而下转变思想观念，破除“官本位”思想，更需要从建立完善社会主义市场经济体制的要求出发，从转变政府职能、精简政府机构、下放行政审批权限等具体事宜入手，循序渐进，稳中求进，突破障碍，讲求实效，这些都不是一朝一夕可以完成的。

第三，民生导向困难重重。建立以民生为导向的城镇化模式，一是需要保障城乡居民的财产权，特别是城镇化进程中的规划编制、土地征用、房屋拆迁等要切实依法进行；二是要保障城乡居民的话语权，在城市发展重大问题上要多多倾听居民的意见；三是要保障城乡居民共享城镇化成果的权益。在国民收入初次分配中，提高城乡居民收入所占比例。很显然，将以“大规划、大拆迁、大开发、大建设、大发展”为主要特征的增长导向型城镇化模式转变为“民权、民有、民治、民享”为主要特征的民生导向型城镇化模式，不可能一蹴而就。

三　中国城镇化发展的未来梦想

（一）从战略高度作出城镇化的顶层制度安排

城镇化是现代化的必由之路，要从战略高度认识城镇化的战略意义，为此有一些学者对中国新型城镇化道路应该怎么走提出了自己的看法。刘嘉汉、罗蓉（2011）提出新型城镇化要解决发展权问题。徐代云、季芳（2013）提出新型城镇化必须进行顶层设计。胡畔（2012）提出新型城镇化应该注重基本公共服务供给。笔者认为，中国城镇化应该从以下几个方面进行顶层制度设计。

一是对城乡要素自由流动、公平交易作出制度安排。城镇化的健康发展，必须惠及全体人民。为此，要坚持城乡要素自由流动、公平交易的原则。目前存在的主要问题是农村土地自由流转受到诸多限制，农村人口进城得不到市民化待遇，城市要素下乡得不到权益保护，实际上是对公平交易原则的践踏。长久以来，我们存在根深蒂固的城乡二元发展观，优待城市，歧视农村。农村人口进城只能提供廉价的劳动力，无法取得与城市原住民同等的市民化待遇，城市人的财产可以货币化，并可以随时变现，但对农村人的土地和宅基地变现设置了很多限制条件，农民“带资进城”难上加难。城市人到农村投资、落户、定居不仅受到政策的严格限制，而且权益也得不到保护。这说明，中国的城乡要素还不能自由流动，交易也不公平。这是城乡差距拉大的制度性原因。必须从战略高度作出制度性安排，解决城乡平等发展权问题。

二是对政府职能定位和政府行为作出制度安排。建立完善社会主义市场经济体制，必须对政府的作用空间进行科学界定，并通过立法予以确定。当前，在推进城镇化的过程中，政府的作用空间被无限放大，严重侵蚀了市场作用的空间。从表面看，执行力强，政绩突出；从深层次看，多数动用公权，侵蚀私人利益，并用政府财政兜底，投入产出效率低下。放任这种现象存在，实则是纵容公权泛滥，将产生严重的社会对立。为此，要从战略高度约束政府公权，对政府作用空间和政府行为作出制度性安排，妥善处理好政府与市场的关系。

三是对公共资源配置去行政区化作出制度安排。公共资源配置的目的是服务于人，而不是服务于行政区。在社会主义市场经济条件下，人口是自由流动的，但行政区是相对固定的。按照行政区配置公共资源，无视人口流动造成的人口数量增减，将产生极大的负面问题：人口净流入区公共资源配置明显不足，人口净流出区则公共资源配置过剩。比如，农村“普九”政策和“希望工程”名义下的校舍建设，多数遇到生源不足的问题；而城市以户籍人口配置的校舍建设，多数情况是人满为患。这些情况说明，公共资源配置要顺应城镇化潮流，摆脱行政区划束缚，跟着人口流动走。为此，需要自上而下作出制度性安排。

四是对允许地方差异化发展作出制度性安排。中国地域辽阔，人口众多，文化悠久，各地城镇化发展条件和发展水平差异很大，发展道路也不尽相同。如果强求各地与中央保持一致，整齐划一，采取同一政策，难免有的地方适应，有的地方不适应。如果放任地方各自为政，自我制定政策，又难免出现不听中央号令、不顾整体发展利益的现象出现。在这个两难选择中，中央要拿出决断，科学界定中央和地方的发展权边界，合理划分中央和地方事权。既要允许地方制定差异化发展政策，又要将差异化发展限制在可控范围内，保障区域协调发展和国家整体发展利益。

（二）全面推进以人为核心的城镇化

新型城镇化是以人为核心的城镇化，人口是自由流动的，人的需求是不断变化的，城镇化要紧紧围绕人的需求展开，规划要跟着人口走，产业要跟着人口走，基础设施与公共服务也要跟着人口走。为此，要转变以物为核心的传统城镇化观念，构建以人为核心的城镇化制度。

第一，树立以人为核心的规划理念。规划是为满足人的需求服务的，规划方案编制要考虑人的需求，要有包容性，不同民族、不同文化背景、不同收入水平、不同年龄结构、不同宗教信仰的人群在城市里都能有幸福感。

第二，构建以人为核心的产业体系。产业发展必须考虑就业需求，产业类型、产业规模、产业就业吸纳能力必须与当地人口就业需求相匹配。开发区、新城区（新城）、农村新社区建设等必须考虑当地就业需求。

第三，建设以人为核心的基础设施与公共服务体系。基础设施与公共服务必须考虑人的需求，脱离了人的需求的基础设施与公共服务必然会成为无效投资和摆设。基础设施与公共服务的规模和质量要与人的需求相匹配。

第四，推进以消费税为核心的税制改革。传统税收多在生产环节征收，造成政府偏爱企业，容易与企业结成利益共同体。要改革税制，减少生产环节中的征税，多在消费环节征税，政府税收要建立在居民消费的基础上，这样使政府与居民结成利益共同体，推动企业尊重消费者，生产被消费者认可的产品。

第五，建立财政支出向民生倾斜的保障制度。目前的财政体制是，“一保吃饭，二保建设，三保民生”。保民生成了最后的点缀，只能根据财力多寡而定。财政支出向民生倾斜应该成为刚性制度，不容更改。

第六，强化以人为核心的政府绩效考评体系。目前的政绩考评体系多数为体制内说了算，城市居民的参与度并不高。要进一步完善政府绩效考评体系，将居民满意度纳入其中，并使其成为一票否决的因素。

（三）全民共享城镇化发展成果

城镇化发展成果不应该成为少数人的私利，应该让全民共享。因此，要逐步构建全民共享城镇化发展成果的新机制。

第一，构建全国统一大市场。尽管1992年我国就明确提出发展社会主义市场经济，但是基于行政区划构建的行政壁垒到处存在，阻碍要素跨区自由流动，成为城镇化发展的障碍。由于行政壁垒的存在，人口和资本跨区流动会带来利益损失。因此，消除行政壁垒，构建全国统一大市场是全民共享城镇化发展成果的必由之路。

第二，构建高效廉洁的行政体系。在推进城镇化的过程中，政府要扮演“裁判员”的角色，而不是“运动员”的角色。政府与民争利，很容易损害居民利益。为此，要构建高效廉洁的行政体系，明确政府的角色定位，政府干政府应该干的事。

第三，构建覆盖全国的社会保障体系。以地市统筹建立社会保障体系，不利于人口跨地市流动，不利于生产要素优化组合。要按照社会主义市场经济发展的要求，构建起基于人口全国自由流动的覆盖全国的社会保障体系，让全体国民共享城镇化发展成果。

第四，构建覆盖全国，城乡与区域均等的基本公共服务体系。现行城市户籍制度之所以还有一定的含金量，就在于基本公共服务城乡与区域不均等，户籍制度改革的难题也在于此。只在户籍制度改革上做表面文章，难免掩盖户籍制度背后的真相。要下决心构建覆盖全国，城乡与区域均等的基本公共服务体系，这是全民共享城镇化发展成果的保障。

The New Way of China's Urbanization

Song Yingchang

Abstract: Historically, the strategy of China's urbanization has been paid more and more attention, but the problem of the accumulation of semi-urbanization is very serious, and institutional arrangements of urbanization lag. In reality, achievements of urbanization are remarkable, but non-coordinated, unbalanced, unsustainable, non-comprehensive problems, such as the prevalence of land urbanization as well as people's livelihood, and the arduousness of transformative and developing task, are outstanding. In the future, China should make institutional arrangements in the top level of urbanization from a strategic height and promote human-centered urbanization comprehensively so that citizens can share the developing achievements of urbanization.

Key Words: Strategy of Urbanization; Institution of Urbanization; People's Livelihood; Achievements of Urbanization

参考文献

[1] 潘家华、魏后凯主编《中国城市发展报告 No.6：农业转移人口的市民化》，社会科学文献出版社，2013，第6页。

[2] 潘家华、魏后凯主编《中国城市发展报告 No.5：迈向城市时代的绿色繁荣》，社会科学文献出版社，2012，第9页。

[3]《地方债高企倒逼政府卖地　上半年北上广收入1739亿》，和讯新闻，2013年7月2日。

[4] 潘家华、魏后凯主编《中国城市发展报告 No.6：农业转移人口的市民化》，社会科学文献出版社，2013，第13页。

[5] 潘家华、魏后凯主编《中国城市发展报告 No.6：农业转移人口的市民化》，社会科学文献出版社，2013，第11页。

城乡发展一体化解读

◇牛凤瑞*

重读十八大报告有关推动城乡发展一体化的论述，笔者有如下理解。

第一，城乡发展是对立统一的关系。城乡一体化发展的目标是缩小过大的城乡差距，而不可能完全消除城乡差异。城乡一体化发展是协调城乡关系的发展，而不是偏向农村的发展。加快农村发展也不是不让城市发展或者削弱城市的发展。以城带乡的前提是城市的强大，城市的率先发展。没有城市带动能力的强大，以城带乡就成了一句空话。与农村相比，城市具有更高的要素配置效率。农村要素向城市聚集是城市化进程中的必然现象。农村要素向城市流动，提高了社会要素整体配置效率，对农村发展的负面影响是暂时的、局部的，正面影响则是持久的全局的。大规模的青壮农村劳动力进城务工经商，进城的是农村剩余劳动力，虽然降低了农业劳动力平均素质，但不会影响农业劳动力的有效供给。同时，由于农业技术的进步，农业劳动强度大大减轻，为妇女、老人满足农业生产需要提供了可能。这是社会劳动力的优化配置，也是家庭劳动力的优化组合。

第二，农业、农村、农民问题是全党工作的重中之重，难点、重点均在农民增收，而农民增收难的深层根源在于农民数量的庞大。调整农业结构对于农民增收只具有局部的、暂时的效果。发展农村工业与工业企业集中布局的客观要求相悖，城市工业取代农村工业（农产品加工业除外）属于必然。

---

* 牛凤瑞（1946～），男，中国社会科学院城环所前所长，研究员。

减免农民税负，对于农民增收只具有当年意义，因为以后就不再有税赋可供减免。要富裕农民，必须减少农民。只有减少农民，才能有农业的规模经营和农业劳动生产率的提高，才会有农民的增收。而减少农民的根本途径是城市化。

第三，城市以非农产业为主，农村以农业为主。城乡差别是城乡地域分工的结果，只要这种分工不变，城乡产业、就业、职业结构就不可能一体化。所以城乡一体化发展不应也不可能改变城乡不同的结构。而城乡分割的二元体制是人为设置的，是可以而且是必须改变的。农村居民是与城市居民相对应的概念，但农村居民≠农民。农民是拥有土地等农业生产资料，且从事农业生产劳动的人及其家属。农村居民可以是农民，也可以是生活在农村而从事非农产业的人及其家属。拥有土地而不从事农业生产劳动的是地主，从事农业生产而没有土地的是农业工人。拥有土地农业生产资料而不事农业生产劳动，但从事农业企业经营管理的人是农业企业家（农业资本家）。

第四，农业是国民经济的基础，但农业不具有物质财富的代际传承和积累功能。农产品是有机物，不能长久储存；主要作为食物的农产品消费弹性小，少了要挨饿，多了也会造成浪费。一个社会从事农业生产的劳动力越多，这个社会物质财富的积累能力越弱，这个社会越穷。农业发展的严重滞后和过度超前都是资源的错配。“农业是国民经济的基础”是规律，永远不会改变；“以农业为国民经济的基础”是战略，具有阶段性。农业现代化的基本标志是现代技术装备的农业、具有较高的土地生产率和劳动生产率的农业、保障食品供给安全和生态安全的农业。农业的现代化要以城市化对农产品和农业剩余劳动力的市场需求为条件，以工业化、信息化为农业提供的技术装备为前提。加快发展现代农业、实现农业现代化必须与城市化、工业化、信息化协调发展，但不可能同步，更不可能超前发展。充分利用经济全球化背景下的两种资源、两个市场，进口资源型的农产品（粮食、木材、饲料、棉花、纸浆等），出口技术、资金、劳动密集型农产品，实现农业资源在世界范围内的转换，以及在农业和非农产业部门之间的合理配置，应是我国保障食品安全和生态环境安全的重要考量，也是维系国际经济关系平衡和国际合作可持续发展的条件。

第五，价格是市场供求关系的信号，价格变动是市场配置资源的基本形式。坚持以工补农，工业反哺农业，加大强农惠农的力度，对于改变农业比较利益偏低的格局具有正向效应。但长期依靠补贴过日子的农业是不可持续的，并将扭曲农业与其他产业之间的正常关系，社会成本极高，也不利于农业竞争力的提升。逐步理顺农产品的价格体系，优质优价，是食品安全和农业持续稳定发展的重要保证。部分耕地弃耕抛荒与其说是农业危机的征兆，不如视为农业比较利益偏低的结果，变藏粮于民为藏粮于地是农民对农产品市场需求的主动适应，是市场配置农业资源的表现。

第六，国家对农村的支持要集中于公共领域，明确重点，减少执行成本，注重实际效果。一是农村教育、养老、医疗等社会保障建设；二是农业科技、市场信息、销售加工等服务，水利、种子、肥料供应等市场调节容易失灵的农业产前产后领域；三是农村公共基础设施建设。推进新农村建设，建设农村公共基础设施要与经济社会发展的总体水平相适应，要充分考虑农村人口正在大幅度减少、自然村落的大规模撤并和投资的实际效果，以及公共财力可持续的支持等因素，在县域范围内进行城乡的统一规划，与增强城市的综合承载力统筹兼顾。集中连片地区的扶贫开发要与异地扶贫、生态移民统筹安排，生态保护、环境建设、退耕还林还草要与生态移民结合起来。生态移民，异地务农，空间狭小，将面临二次移民。生态移民与推进城市化相结合，退耕和退人、区域扶贫和异地致富与移民进城就业相结合，才是可持续的。这里的生态移民是指政策引导的自主的、渐进的经济性移民，而不是强制的一次性完成的工程性的计划移民。

第七，农业家庭经营的长期性及其合理性和必然性，依据在于农业生产的特点和家庭经营优点的结合，而不是或者主要不是由农业生产力发展水平所决定的。农业经营面临着市场和自然双重风险，有赖于农业经营者的高度自主性和自觉性；农业生产中劳动过程与生产时间相分离，要求劳动者对生产成果独享和高度的责权利统一；农业生产从种到收的全过程，较少依赖大规模劳动协作，一个家庭的劳动力足可胜任。家庭是社会的细胞，家庭成员由姻缘、血缘的纽带相联结，较少存在利益分割的矛盾。家庭经营可以大大降低农业管理成本，提高经营效果，这也是我国20多年的农业合作化总体上不成功的根本原因所在。今天的农业生产水平虽非20世纪80年代初期可比，但农业生产的特点依旧没有改变。农业规模经营与家庭经营完全可以达到统一，家庭农场的活力即证明了这一点。所以，构建新型的农业经营体系要以家庭经营为基础，应以整体上不否定家庭承包制为前提。发展专业合作和股份合作，培育新型的农村经营主体，公司 + 农户，应更多集中于农业的产前产后环节和非大田的集约农业。

第八，改革征地制度，提高农民在土地增值收益中的获益比例，主要指国家基本建设征地，指那些远离城市的农村土地征用。城市的高地价、高收益与土地的占有者和使用者的努力无关，而是大规模集中的社会投资凝聚的结果。城市土地级差收入归社会，合理合法。土地财政不等于土地腐败。土地财政是实现社会再分配的重要工具，是改进、改善、用好、用活，简单地否定，无益于问题的解决。城市建设征地制度改革的核心问题是土地增值收益的公平、合理分配，是土地增值收益分配的标准化、制度化建设问题。征地引发的社会冲突和群体事件，根源在于直接利益相关方更多分享土地开发收益的预期，而预期又与理论和舆论的导向密切相关。令人不安的是，一些近郊农民因征地拆迁而一夜暴富所诱发的社会矛盾尚未引起政府和社会的应有关注。

第九，农民工现象是城乡二元体制与快速城市化交互作用的结果，但整体上是社会的进步，而不是社会的倒退。农民工满足了城市化对劳动力的需求，降低了城市化即期成本，提升了“中国制造”的国际竞争力。留守儿童、空巢家庭、夫妇分居等一系列社会问题，由农民工单方面承担成本，体现了城乡体制的深层缺陷。农民工市民化是对城乡二元体制的否定，是社会主义制度的本质要求，对于构建和谐城市具有紧迫性。但农民工的市民化是一个长期的渐进的过程，中心环节在于城市化政策、城市公共财力支持能力及政府的意愿和农民工输入地与输出地之间利益关系的调整。以农民工的农村土地承包权、宅基地的使用权和集体资产收益的分配权换取城市的社会保障和城市住房，不失为一种可供考虑的方案。这一方案的实施不应被视为对农民权益的又一次剥夺，关键在于是否符合农民工的意愿，是否是农民工的自主选择。

第十，城乡一体化发展的目标是消除对农民身份的事实上的歧视，城乡居民平等拥有共和国的公民权和发展权，共享城市化成果。城乡一体化发展关键在于变革城乡分割的二元户籍制度和土地制度。城乡一体化发展政策顶层设计的基点是：①农村居民移居城市的自主选择权；②已经进城的农村居民成为平等的市民一员；③逐步实现城乡公共服务的均衡配置；④城乡要素的平等交换；⑤变农村土地集体所有制度为城乡统一的土地国有（共有）制，农民家庭拥有土地的永佃权。

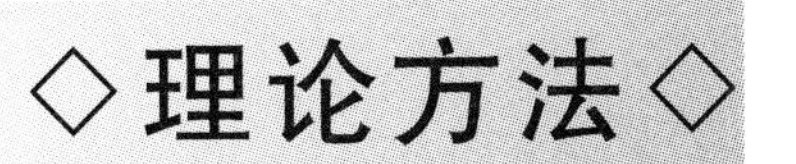

◇理论方法◇

气候变化下的城市脆弱性及适应

——以长三角城市为例*

◇谢欣露　郑　艳　潘家华　周洪建**

【摘　要】　长三角城市密集地区集聚着大量的人口财富，气候变化将加剧长三角城市密集区的灾害风险。脆弱性评估是气候变化政策研究的主要分析工具，为适应性管理提供参考依据。本文基于文献研究和案例城市调研，从气候敏感性和适应性两个维度选择指标，构建了长三角城市综合脆弱性评估模型。采用客观赋权的因子分析方法对长三角16个典型城市进行评估，分析了各城市气候脆弱性的驱动因素，并按照敏感性和适应性进行了分组比较。本文认为，长三角城市在未来气候变化、人口增长、城市化发展的多重压力下，必须关注气候变化适应问题，包括加强气候变化风险评估，将气候防护纳入城市规划，保障城市脆弱群体，提升城市灾害综合管理能力，促进适应技术研发与创新等。

【关键词】　气候变化　脆弱性　因子分析　长三角城市

引　言

据IPCC预估，到21世纪50年代，海岸带地区，特别是南亚、东亚和

* 基金项目：国家自然科学基金2009年重点项目（70933005）。

** 谢欣露（1975～），女，博士，河北保定人，中国社会科学院可持续发展研究中心，主要研究方向为气候变化经济学、经济模型与经济预测；郑艳，中国社会科学院城环所副研究员；潘家华，中国社会科学院城环所所长，研究员；周洪建，国家减灾中心副教授。

东南亚人口众多的大三角洲地区将会面临最大的风险[1]。我国长三角地区面临多种气候致灾因子，如台风、暴雨、高温等。这些气候灾害影响城市的正常运行，造成交通中断、城市积涝，也给能源和资源供给带来压力；造成基础设施损毁、居民财产损失；造成人员伤亡，影响居民健康、衣食住行。与此同时，伴随着人口城市化进程，长三角城市密集区的人口和财富快速聚集，人口、基础设施、产业和公共资源更集中地暴露于气候灾害下。2010年，长三角16个主要城市总人口为8491万人，占我国城市总人口的6.8%；生产总值达到70675万亿元，占我国GDP的17.6%。可见，长三角城市作为中国社会经济的龙头，必将迎来未来城市人口和财富的持续增加。在气候变化背景下，极端天气和气候事件也将给长三角城市带来更大的不确定风险。气候风险的敏感性和适应性将直接影响这一地区的城市安全和可持续发展。本文以16个长三角典型城市为例，通过城市综合脆弱性评估，分析了不同城市的敏感性和适应性特征，并提出了有针对性的适应政策建议。

一　气候变化背景下的城市脆弱性研究

（一）脆弱性概念的发展演变

20世纪中后期以来，在全球环境和气候变化背景下，脆弱性、适应性逐渐成为可持续发展科学的核心概念之一。脆弱性概念最早出现在生态学领域，作为可持续发展科学的一个重要概念，被广泛应用于灾害学、地理科学、经济学、社会学、政治学等领域，尤其是环境和气候变化的相关研究中。生态学和灾害学强调了环境和气候变化因素在脆弱性评估中的重要作用，如White等[2]强调气候变化特征和暴露程度对脆弱性的影响。社会科学领域的研究者认为脆弱性的主要驱动因素是人，强调经济、社会、文化、政治过程对脆弱性的影响，如O'Keefe等[3]。

从气候变化科学的角度来看，IPCC第三次科学评估报告[4]将脆弱性界定为“系统易于受到或不能应对气候变化（包括气候变化和极端气候事件）不利影响的程度”。脆弱性是暴露程度、敏感性和适应能力的函数。IPCC 特别报告即《管理极端事件及灾害风险，推进适应气候变化》认为，脆弱性是人类及其生计，以及物理、社会、经济支持系统遭受到灾害事件时易受影响和损害的一种内在特质，脆弱性是敏感性和适应能力的函数。前者包括系统的外部特征，后者强调系统的内在特质；前者从科学评估角度分析人类社会面临的气候变化风险，后者更注重气候风险管理和气候适应。

目前，对气候脆弱性的内涵和外延仍存在较大争议，没有统一的概念框架。本文拟用 IPCC 特别报告的定义，从系统内在特征进行分析，评估城市系统气候脆弱性。

（二）国内外城市气候脆弱性评估研究

目前，脆弱性最基本的评估方法仍是指数评估法。气候脆弱性指数评估法的目的是识别和评估灾害的驱动因素，理解气候脆弱性的地区分布，指导制定各地区未来空间发展战略，促进地区的均衡发展，以及探索气候变化风险管理政策。

我国关于城市气候脆弱性的定性研究较多，主要有金磊[5]、吴庆洲[6]等，或者给出理论模型但缺乏实证研究，如樊运晓[7]。陈文方等[8]关于长三角地区台风灾害的风险评估中，应用主成分分析法分别构建了致灾因子强度指数和承灾体脆弱性指数，其中脆弱性指数包括人口密度、GDP 和第一产业所占比重等。文彦君[9]采用了主成分分析法评估了陕西省自然灾害的社会易损性，选取的指标体系包含人口密度、路网密度等密度指标。人口密度和 GDP 等作为暴露度指标，指标值越大越脆弱，这种假设忽视了社会经济发展程度对气候适应能力的提升，可能导致越发达地区脆弱性越高的评估结果。李辉霞[10]将 GDP 密度（万元/km^2）作为社会易损性指标，根据均值和标准差将其划分为五类，GDP 密度越高则易损性越低。这些指标并不能揭示社会经济脆弱性的本质根源。因此，不能得出人口密度本身对应着脆弱性的上升或下降的必然结论[11]。张斌[12]基于 GIS 技术采用图层叠置法评估区域承灾体的脆弱性，这种方法忽视了指标体系权重的重要性。总体来看，国内关于城市气候脆弱性的内涵、外延及脆弱性内在影响因素的分析仍存在诸多不足，社会科学与自然科学在脆弱性评估中的整合力度不够，进一步深入研究非常有必要。

Adger[13]、O'Brien[14]、Hahn[15]、Kathraine Vincent[16]、欧洲委员会的地区 2020 项目、欧盟联合研究中心（the Joint Research Center of EU，JRC）、欧盟环境署（European Environment Agency，EEA）、ETC/ACC（the European Topic Centre on Air and Climate Change）城市气候脆弱性评估项目[17]、澳大利亚政府 DCC（Department of Climate Change）项目、Balica S. F. 等[18]建立了气候脆弱性评估指标体系，不同研究者在暴露程度、敏感性和适应性方面指标选择的侧重点不同。澳大利亚政府 DCC 项目从高温热浪、暴雨、海平面上升、森林火灾、生态资源等方面进行脆弱性研究，更关注 SCCG（Sedney Costal Council Group）地区 15 个成员的气候适应能力，强调气候适应不仅包括金融资本和适应信息获取能力，更强调影响适应政策实施的制度障碍，该项目的评估指标体系包括暴露性、敏感性和适应性指标，适应性指标相对多一些，侧重于人口结构、居住特征、资源获取能力和成本方面的指标[19]。Balica S. F. 等从自然、社会、经济和制度四个方面建立指标体系，其中自然脆弱性指标包括海平面上升、风暴潮、最近 5 年内台风次数等指标；社会脆弱性指标包括近海岸人口及文化遗产（暴露指标）、老幼人口比重（敏感性指标）、防护所和防灾意识及准备（适应性指标）；经济脆弱性指标包括海岸人口增长率（暴露指标）、排水管长度及恢复时间（适应性指标）；制度脆弱性指标包括非控制规划区（uncontrolled planning zones，暴露指标）、洪水风险图（flood hazard map，敏感性指标）和制度性组织及洪水防护（适应性指标）。共包括暴露指标 11 个、敏感性指标 2 个、适应性指标 6 个。Balica 等人的研究仍偏重于自然科学领域，虽然包括社会经济领域的指标，但仍不够充分和深入。Adger 等[20]研究非洲国家适应能力时，认为指标选取应基于脆弱性驱动因素与社会经济现象的理论关系。Preston 等[21]开发了气候、自然灾害、适应能力和社会生态结果关系的概念模型，以指导指标的选取。

二　研究问题及分析框架

（一）长三角城市气候灾害类型及影响

根据《中国气象灾害大典》（上海卷、浙江卷、江苏卷）[22~24]，长三角地区面临的气候灾害主要有台风、暴雨洪涝、高温等，危害人体健康，造成人员伤亡和农业、交通、基础设施等的损毁，导致次生灾害的发生（见表1）。农业对台风、暴雨、洪涝、干旱、低温冷害等灾害性天气都非常敏感，灾害性天气会造成减产、绝收、病虫害等发生。气候灾害破坏各种设施，会影响城市生命线系统，如电力、通信、供水、交通等。从海陆空交通来看，台风、暴雨、热带气旋、浓雾、大雪等会造成交通中断、阻塞、事故等发生，会造成重大经济损失和人员伤亡。项目课题组赴上海的调研结果表明，台风、暴雨、高温是上海三大主要气象灾害，造成城市积涝、交通拥堵、能源需求增加、生病等不利影响。例如，气候变暖诱发一些呼吸系统病症、过敏症、心肺异常等，从而影响人类的整体健康水平。1988 年 7 月 4~22 日，南京连续 9 天高温，中暑 4500 人，其中重症 411 人的死亡率达 30.2%。同年，上海极端高温 38.4℃，中暑 815 人，死亡 193 人。[25]高温天气下用电需求剧增，与能源供给形成矛盾，影响生产和生活。气温升高加快污染

表 1　长三角地区气候灾害种类及其影响

气候	灾害影响					
	设施损毁	人员伤亡	健康	农业	交通	其他
台风	√	√	√	√	√	
梅雨/暴雨/洪涝	√	√	√	√	√	滑坡/泥石流
雷电/冰雹/龙卷风	√	√	√	√	√	火灾
干旱/高温		√	√	√	√	水量/水质/火灾
寒潮/大雪	√	√	√	√	√	
浓雾		√	√		√	
低温冷害		√	√	√	√	

资料来源：根据《中国气象灾害大典》（上海卷、浙江卷、江苏卷）整理。

物的分解与恢复，促使有害生物暴发性增殖，并有可能导致恶性水污染事件的发生。[26] 2007 年，太湖“蓝藻暴发”导致自来水污染，引起无锡市民纷纷抢购纯净水。专家认为全球变暖是主因，加之 4 月份降水量偏低，导致太湖水温比往年高，为藻类提供了适宜的条件，也有人认为主要原因是长期以来太湖流域污染治理和排污措施不力。

（二）长三角城市气候脆弱性评估模型

本文基于项目课题组 2011 ~2012 年在上海、南京等城市开展的调研考察，结合国内外文献，构建了城市气候变化与脆弱性的理论分析模型（见图 1)，描述了长三角城市主要气候驱动因素、灾害发生的条件、过程及影响，用于指导评估指标体系的构建。

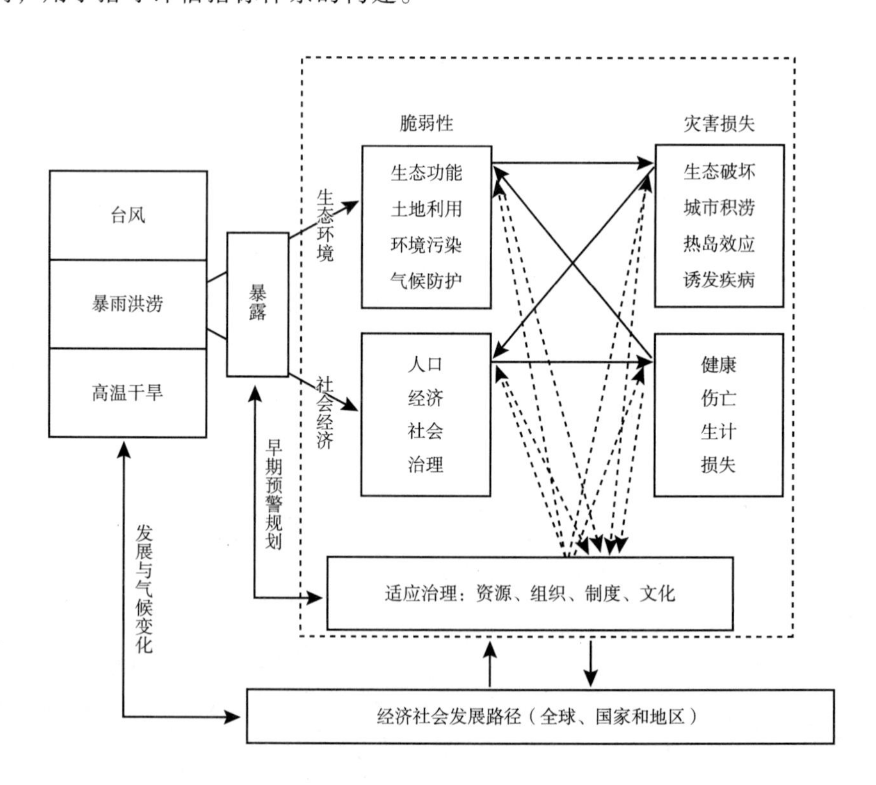

图 1　可持续发展框架下的城市气候脆弱性模型

图1表明城市气候脆弱性不仅与城市生态、环境、设施等城市硬环境有关，也与社会制度、经济发展、社会结构等软环境有关。在气候变化下，城市硬环境脆弱性可导致生态破坏、城市积涝、城市热岛放应、疾病虫害等，进而影响城市人口、产业、公共服务。城市软环境表现了城市管理者的综合治理能力，如社会保障水平、公共服务水平、可持续发展规划等，软环境适应性不足将加剧灾害程度，降低城市恢复能力。我国许多城市暴雨导致交通中断、人员伤亡事件，这不仅暴露出城市基础设施滞后的问题，更暴露出城市气候灾害适应性的缺失。

由此，提升城市对气候变化的适应能力需从两方面展开，一方面是减小敏感性，包括减小城市对气候灾害的敏感性、扶助城市脆弱群体。另一方面是增强适应性，包括解决城市发展与风险防护投入不均衡、不匹配的问题，增强城市生态功能，改善城市环境，促进社会保障和气候防护基础设施投入等。

三　长三角城市脆弱性评估的指标设计

基于前述概念和文献分析，气候脆弱性包括两个层面，即敏感性和适应性，具体的指标涉及经济、人口、社会、基础设施、生态和制度等方面。

（一）气候变化敏感性指标

气候变化将改变地区气候系统的时空分布特性，导致极端天气和气候灾害。对于城市而言，主要会造成经济财产损失和人员伤亡。

（1）敏感部门：交通运输、旅游会展、农业、保险等主要经济部门容易受到影响，其中，沿海地区容易遭受的台风、暴雨、洪涝、干旱、冷冻、雾雪等极端天气事件将对农业、交通运输业造成直接冲击，并且间接影响其他行业，如住宿餐饮、旅游、商务、工业生产、保险业等。一般而言，城市对气候敏感产业的依赖程度越高，则其经济的气候敏感性越强。灾害频繁可能严重影响居民生计、社会及社区对未来气候变化的预防和响应能力。因此，选取农业占GDP比重、交通运输量与GDP比值、气象灾害损失占GDP比重作为气候敏感性的关键指标。

（2）敏感群体：气候变化条件下，老幼人口、贫困人口、外来人口等社会脆弱群体的应灾能力差，生命健康易受气候变化冲击，而且他们的气候适应能力更差[27,28]。特别是文盲人口，其获取各种资源的能力低，生计选择的范围小，生活在城市边缘地带，其气候脆弱性更强。城市贫困群体（包括低收入外来人口）由于居住条件差、教育水平较低、缺乏社会保障、气候风险意识薄弱等原因，其气候敏感性强，容易受到气候灾害的侵害，灾后恢复正常生计也较困难。城市贫困群体是城市不均衡发展的一个表现，与收入分配制度、就业、教育等因素有关。由于城市贫困群体难以统计，选择低保人口比重作为代理指标。死亡率综合反映某地人口和社会脆弱性。因此，选取老幼（15岁以下及65岁以上）人口比重、低保人口比重、文盲率、死亡率作为人口和社会敏感性指标。

（二）气候变化适应性指标

文献研究表明，城市发展水平、生态环境、气候防护设施、社会保障能力等因素会影响城市的气候适应性。

（1）发展水平：人均GDP可概括反映城市综合适应能力。人均财政支出可概要反映一个城市的公共投入水平。保险是风险转移、灾害恢复和应对的重要手段。公共医疗服务是灾后健康恢复、防止疫病的重要保障。城市过度开发及不合理利用土地，造成发展与生态环境的矛盾日益凸显，生态服务价值不断下降，增加了城市气候风险。因此，选取保险密度、人均医师数和人均财政支出作为气候适应性指标。

（2）生态环境：对于经常出现城市水灾、热岛效应、雾霾等气象灾害的城市地区而言，城市绿色空间（绿地）和城市灰色空间（建筑、道路）是一个此消彼长的竞争关系。人工建筑物快速扩张，改变了城市生态，使裸露的渗水土地面积越来越少，使大部分降雨无法进入地面垫层以下，从而形成地面径流，使暴雨洪水的流量增大；城市道路、建筑物密集，促使“城市热岛”越来越严重；城市热岛又会增加城市暴雨的可能性，而城市绿地则能够有效改善城市硬化和过度密集的问题。因此，选取绿化覆盖率作为城市气候适应性指标。

（3）气候防护基础设施：过去30多年来，我国城市建筑物总量快速增长，与此同时相应的基础设施建设相对落后，基础设施建设投入占GDP比重基本都在0.5% ~0.7%之间徘徊。与世界银行公认的发展中国家城市基础设施建设投入占GDP 5%的比重相去甚远。[29]城市排水设施是重要的城市公共工程[30]，我国城市建设长期以来重视地上而轻视地下，导致地下基础设施缺乏总体规划和管理，这是形成城市积水和内涝的重要原因。城市避难场所数量少，导致某些灾害发生时居民不知到何处避难。我国城市气候防护基础设施投入在数量和质量方面都有待提高。选取城市排水管道密度、市政投入占GDP比重作为气候防护指标。

（4）保险水平：保险是重要的灾害保障机制，能够促进灾后生产和生活恢复正常，减少居民和家庭的财产损失，是气候适应的重要手段。

根据前述分析，初步选取脆弱性指标如下（见表2）。

表2　长三角16个城市气候脆弱性评价指标体系

目标层	准则层(level)	指标层(Indicators of Vulnerability)
气候脆弱性	敏感性	第一产业比重(%)
		交通运输业敏感指数
		灾害损失占GDP的比重(%)
		老幼人口比重(%)
		文盲率(%)
		死亡率(%)
		人均受灾次数(人次/万人)
		低保人口比重(%)
气候脆弱性	适应性	人均GDP(万元)
		人均医师数(人/万人)
		保险密度(元)
		人均财政支出(元)
		绿化覆盖率(%)
		市政投资占GDP比重(%)
		建成区排水管道密度(公里/平方公里)

资料来源：《中国城市建设统计年鉴2010》《中国城市统计年鉴2011》《中国保险年鉴2011》《上海统计年鉴2011》《江苏统计年鉴2011》《浙江统计年鉴2011》、中国国家统计局网站、国家减灾中心及中国国家民政局网站。除死亡率、15岁以下及65岁以上人口比重和文盲率为2000年数据外，其余均为2010年的数据。

四　长三角城市脆弱性评估

初步选取评估指标之后，需要对指标之间的关系进行分析，也即指标赋权。一般采用专家打分的主观赋权方法和统计模型分析的客观赋权方法。本文采用了客观赋权方法，旨在挖掘指标之间的内在关联，并寻找指标隐含的共同特征。

（一）评估方法

第一步，数据处理。在综合评价时，各指标的方向必须保持一致，因此将各指标标准化为指标值越大越脆弱。敏感性指标和适应性指标标准化公式分别为公式（1）和公式（2），其中 max 表示取最大值，min 表示取最小值。

$$x_{ij} = \frac{X_{ij} - \min X_j}{\max X_j - \min X_j} \tag{1}$$

$$x_{ij} = \frac{\max X_j - X_{ij}}{\max X_j - \min X_j} \tag{2}$$

其中 i 表示第 i 个样本（$i=1, 2, \cdots, n$），j 表示第 j 个指标（$j=1, 2, \cdots, m$）。

第二步，因子分析模型。采用的统计模型如下：

$$x_j = \sum_{l=1}^{k} \alpha_{jl} f_l + e_j, k < \mathrm{m} \tag{3}$$

x_j（$j=1, 2, \cdots, \mathrm{m}$）为 m 个原始指标，f_l（$l=1, 2, \cdots, k$）为 k 个公共因子；e_j 为第 j 个指标的差异因子。α_{jl} 为第 j 个指标在第 l 个公共因子 f_l 上的载荷系数（或权重系数）。

在城市综合脆弱性评估中，脆弱性指标是我们可观测到的指标（显变量），公共因子用于表明脆弱性指标背后共同的驱动因素（潜变量）。因此，因子分析的目的之一是通过观测值寻找气候变化背景下影响城市脆弱性的潜在驱动因素。

（二）脆弱性评估结果及分析

1. 脆弱性归因分析

利用相关软件（本文用SPSS16）对初选指标进行因子分析，得到由5组指标群构成的5个公共因子，累计方差贡献率达86%（见表3）。其中，第一因子权重为34.1%，是长三角16个城市气候脆弱性评估中最重要的因子，反映了医疗、保险、财政、市政基础设施投入等方面对城市气候适应的支撑作用，可命名为社会经济发展因子。第二因子权重为31.2%，包括气候灾害经济损失比重、气候敏感产业（交通运输、农业）、人口教育程度（文盲率）等指标，反映了城市对气候变化的敏感性。第三因子权重为13.1%，城市低保人口比重一般反映城市的社会保障水平，同时可作为反映城市低收入群体或经济脆弱人口的一个代理指标。第四因子权重为11.4%，反映了城市在公共卫生、防洪排涝等气候防护方面的基础设施水平。第五因子权重为10.2%，城市绿化率可作为反映城市生态环境质量的代理指标。

表3　脆弱性因子评估结果

指　　标	公共因子				
	社会经济发展因子	气候敏感因子	社会保障因子	气候防护因子	生态环境因子
人均财政支出(元)	0.875	0.089	-0.026	-0.003	-0.17
老幼人口比重(%)	0.864	0.047	0.218	0.05	-0.067
保险密度(元/人)	0.838	0.438	-0.13	-0.088	-0.088
市政投入占GDP比重(%)	0.818	0.22	-0.139	-0.023	0.339
死亡率(%)	0.706	0.162	0.487	-0.01	0.152
人均GDP(元)	0.563	0.399	0.446	0.369	-0.27
交通运输敏感指数	-0.151	0.934	-0.033	0.034	0.033
气候灾害损失占GDP比重(%)	0.191	0.851	-0.187	0.13	-0.318
人均受灾次数(人次/万人)	0.232	0.837	-0.279	0.277	0.06
文盲率(%)	0.288	0.825	0.199	0.012	-0.035
第一产业占GDP比重(%)	0.471	0.748	0.311	0.078	0.046

续表

指　　标	公共因子				
	社会经济发展因子	气候敏感因子	社会保障因子	气候防护因子	生态环境因子
低保人口比重(%)	0.028	-0.104	0.94	-0.03	-0.104
人均医师数(人/万人)	0.53	-0.156	0.174	-0.602	-0.166
建成区排水管道密度(公里/平方公里)	0.081	0.129	0.05	0.92	0.077
绿地覆盖率(%)	-0.022	-0.099	-0.092	0.143	0.953

因子分析中，较小的权重表明各城市在某因子上的差异性较小。根据本文分析，长三角地区16个城市在社会保障、气候防护和生态环境等因子上的差异性较小，在社会经济发展、气候敏感因子上的差异较大。这可能说明长三角城市在经济社会发展差距拉大的同时，在气候防护、社会保障、生态环境等方面发展的不同步。实际上，我国城市在气候防护、城市防灾减灾、社会保障、生态环境等方面往往滞后于社会经济发展，对生态的气候防护功能重视不足。气候变化将使得灾害风险更具不确定性，近年来，中国不少城市的教训表明，在突发的极端天气和气候灾害的侵袭之下，原有的城市防护设施、社会保障体系及生态环境等方面暴露出的历史欠账问题，更加凸显了城市的气候脆弱性。[31]

2. 因子得分及城市脆弱性分级

根据因子得分及权重，计算各城市综合脆弱性等级，公式为：

$$S_i = \sum_{j=1}^{5} s_{ij} w_j, \quad j = 1,2,\cdots,5。 \tag{4}$$

s_{ij}表示各城市在第j因子上的得分，w_j为权重，S_i为第i个城市的综合脆弱性得分。

标准化：

$$G_i = \frac{S_i - S_{\min}}{S_{\max} - S_{\min}} \tag{5}$$

$S_{\max}$表示综合得分的最大值，$S_{\min}$表示综合得分的最小值，则$0 \leqslant G_i < 0.2$时脆弱等级为1，$0.2 \leqslant G_i < 0.4$时脆弱等级为2，$0.4 \leqslant G_i < 0.6$时脆弱等级

为3，0.6≤G_i<0.8时脆弱等级为4，0.8≤G_i≤1时脆弱等级为5，等级越高越脆弱。

长三角地区16个城市综合气候脆弱性等级如表4。

表4　长三角16个城市综合气候脆弱性等级

脆弱等级	城　　市	脆弱等级	城　　市
5	泰州、舟山、台州、	2	常州
4	镇江、绍兴、扬州、嘉兴、南通、湖州	1	上海、苏州、无锡、南京
3	杭州、宁波		

各城市在5个主成分因子上的得分如图2所示，分值越高越脆弱。

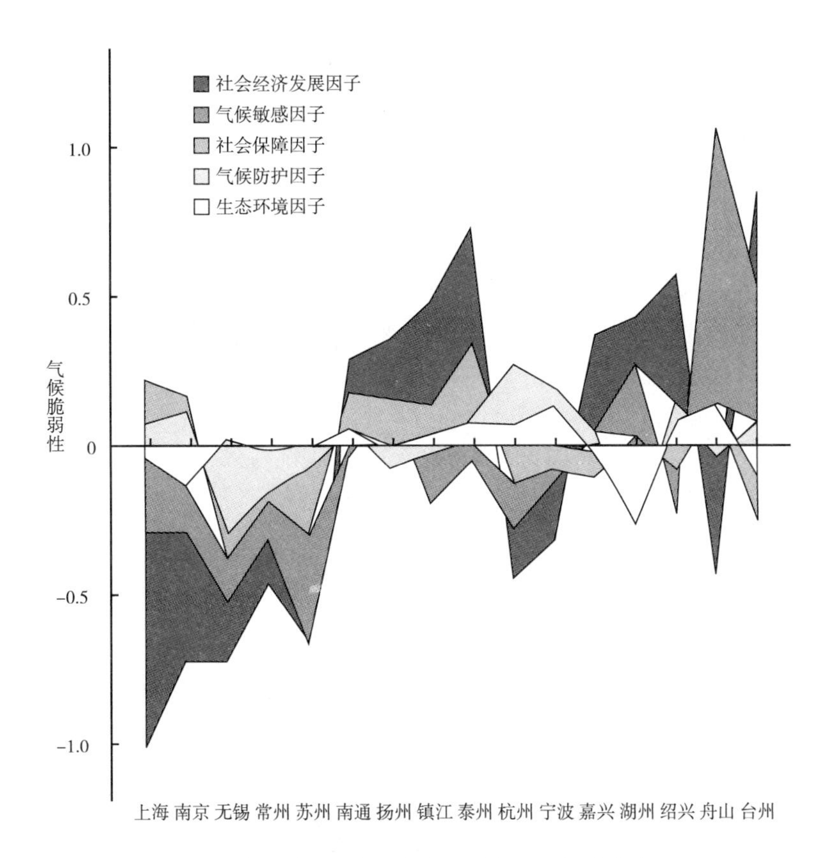

图2　长三角16个城市脆弱性各因子权重分布

在社会经济发展因子上，得分最低的城市有绍兴、泰州、镇江、台州、嘉兴等，得分最高的为上海、南京。在气候敏感因子上，最脆弱城市依次为舟山、台州、湖州，最不脆弱的地区为苏州、上海和镇江等。在社会保障因子上，得分较低的有泰州、扬州、上海、南通等，得分较高的有苏州、台州、杭州等。随着大量人口向城市集中，城市管理的难度增加，城市气候脆弱群体的气候适应需求需引起相关部门重视。在以公共医疗和城市排涝系统为代表的气候防护因子上，最脆弱的城市为杭州、南京，不脆弱的城市有无锡、常州，其他城市气候防护脆弱性均较高，说明长三角城市健康和排水系统投入普遍不足。在生态环境因子上，宁波、舟山、绍兴、泰州的脆弱性较高，湖州、南京、台州的脆弱性较低。

（三）案例城市的敏感性与适应性分析

根据指标性质，计算各城市敏感性和适应性得分，并将适应性得分转化为越大越有助于降低脆弱性，敏感性得分仍是越大越脆弱（见图3）。长三角16个城市大概分为四类：第一类，上海、无锡等城市为低敏感－高适应性城市；第二类，舟山、泰州等城市为高敏感－低适应性城市；第三类，杭州、宁波属于低敏感－低适应性城市；第四类，湖州为高敏感－高适应性城市。多数城市分布在低敏感－高适应性和高敏感－低适应性两类中，高敏感－高适应性、低敏感－低适应性城市较少。

（1）第一类城市：高敏感性－高适应性

以湖州为代表，综合脆弱性指数为4级。进一步发现湖州的高敏感性主要来自社会发展脆弱性，适应性来自气候适应性较强。

（2）第二类城市：低敏感性－高适应性

第二象限的城市总体上具有相对较低的气候脆弱性赋值（见表4）。对各因子得分进行分析发现，导致脆弱性的主要因子（特别是社会发展因子）大多具有低敏感性、高适应性。例如，无锡、上海、常州的经济敏感性均高于其他城市，且气候灾害的经济损失比重较大，但较高的经济发展水平使得这些城市的总体适应能力较强，因而降低了经济脆弱性的表现。南京的薄弱环节是气候防护设施，该因子上的敏感性强、适应性一般。苏州、常州、无锡

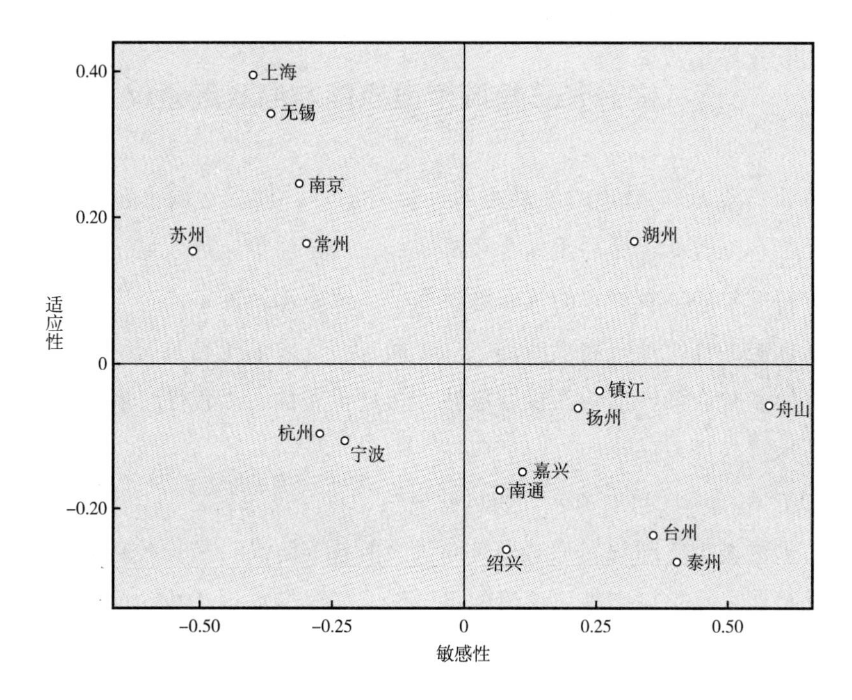

图 3 长三角 16 个城市气候敏感性与适应性分析

气候脆弱性的主要驱动因素是土地利用不合理、城市生态相对脆弱。

(3) 第三类城市：低敏感性 - 低适应性

杭州、宁波是第三类城市的典型代表，它们在气候敏感性和适应性指标方面，各因子的表现都不太突出，使得总体的气候脆弱性指数位于各城市中间行列（脆弱性得分为3）。杭州和宁波气候脆弱性的主要驱动力是气候防护因子和生态因子，敏感性强而适应性较差，需要在今后的城市适应管理中予以关注。

(4) 第四类城市：高敏感性 - 低适应性

第四类城市由于气候敏感性较强，适应能力又相对薄弱，不言而喻成为气候脆弱性最高的一组（脆弱性指数得分最高的都在这一组），包括泰州、绍兴、镇江、嘉兴、扬州。社会发展因子敏感性高、适应性低，是这些城市气候脆弱性的主要驱动因素。气候变化的条件下，舟山、台州、湖州等的经济脆弱性相对于其他城市更突出，其主要原因不在于经济敏感性比其他城市高，而在于其经济发展对气候变化的适应性差，从而推高经济对气候变化的脆弱性。

五 提升长三角城市适应能力的政策建议

从长三角16个城市的气候脆弱性分析来看，较发达城市在气候防护上的适应性普遍较低，滞后于社会经济发展。气候防护应纳入城市规划，促进城市可持续发展。各城市的气候脆弱性的主要驱动因素不同，应针对不同城市的气候脆弱性特征，重点治理。总体而言，气候适应是系统问题，应综合考虑环境和社会两方面的气候适应性，通过生态性、工程性、制度性、技术性等适应措施提高城市的气候适应性。

（1）在城市规划中加强气候风险评估工作

合理的城市空间规划是抵御气候风险的首要防线，是长久基业。气候风险评估机制可促进城市规划决策的科学性，气候标准可在技术层面保障各项工程的抗气候风险能力。城市规划和建设中，应重视生态性适应措施，如增加城市绿化（道路、屋顶）、恢复防洪河道、增加排水表面等[32]，增加城市景观的同时，降低“城市热岛”效应和“城市雨岛”效应，消除城市发展与资源环境的矛盾。

（2）完善城市风险保障体系，增强弱势群体的气候适应能力

城乡二元结构是我国快速的人口城市化过程中的不合理制度，拉大了城市人口在收入、保障水平等经济社会方面的差距，城市中存在大量贫困人口，居住条件差、教育程度低、经济不稳定等，是城市中的气候脆弱群体。城市管理者应考虑这部分弱势群体的气候适应需求。人口老龄化趋势明显，气候变化诱发的相关疾病对老龄人口的健康不利，也增加了对医疗资源的需求以及家庭支出负担，应考虑建立相关保障体系。

（3）建立城市气候适应治理机制，提高灾害综合治理能力

我国城市灾害应急管理是“条块管理”形式，缺乏资源、人员等方面的整合，灾害应急预案和联动机制的可操作性差。由于部门条块分割，缺乏常规联系制度，城市规划、交通、通信、水务等部门之间缺乏灾害防护和应急管理的协同效应，头痛医头，脚痛医脚，不利于气候适应治理。因此，应建立气候适应治理机制，加强资源整合，提高灾害综合治理能力。气候适应

治理机制应包括广泛的利益相关者，如规划、市政、水务、气象、交通、通信、能源、宣传等职能部门，也包括企业、社区、居民、非政府组织等，明确各组织的职责，实现各层次灾害管理的协同。

（4）研发气候适应技术、产品和服务体系

针对农业、交通运输业等敏感产业，研发相关技术和产品，如抗灾作物品种等；完善相关政策保险和商业保险，如农业灾害保险、交通运输保险等，加强灾后产业的恢复力。将现代信息技术等用于城市安全管理，如移动信息平台、云计算、GPS（导航系统）、GIS（地理信息系统），整合地理、设施、灾情、管理部门、社区信息等，为精细化、智能化城市灾害管理提供技术支撑。

气候脆弱性和适应性具有很强的地域性，各城市仍需结合当地情况，进一步深入细致地分析气候脆弱性驱动因素和适应对策。同时，建立有关气象灾害、敏感产业、人口、设施等基础信息数据库，推进气候脆弱性和适应性研究。

Urban Vulnerability and Adaptation under Changing Climate

—Case Study of Cities in the Yangtze River Delta

Xie Xinlu　Zheng Yan　Pan Jiahua　Zhou Hongjian

Abstract: The Yangtze River Delta cities have high density of population and wealth, and climate change will add to great disaster risks. Vulnerability assessment is a tool for analyzing research of climate change policy, and will serve as an reference for adaptation management. Based on literature review and case study, this article constructs the assessment framework model of urban climate vulnerability from sensitivity and adaptation of cities in the Yangtze River Delta. Then, it assesses the urban climate vulnerability by using the Factor Analysis, and gets 5 main driving factors, it ranks the 16 cities and points out the climate vulnerability types of the 16 cities; It points out that the climate-proof adaptation and climate governance of the cities lag behind their social development, which can increase climate risks of the cities. It points out that in the future pressure of climate change, population growth, and urbanization, adaptation is a very urgent problem and gives some suggestions, such as considering climate proof in urban development planning, building up the mechanism of climate adaptation governance, etc.

Key Words: Climate Change; Vulnerability; Factor Analysis; Cities in Yangtze River Delta

参考文献

[1] IPCC：《气候变化2007：综合报告》（政府间气候变化专门委员会第四次评估报告）[R]. 第一、第二和第三工作组的报告［核心撰写组、Pachauri, R. K和Reisinger, A.（编辑）］. IPCC，瑞士，日内瓦：5。

[2] White, G. F. and J. E. Haas, *Assessment of Research on Natural Hazards.* (Cambridge, MA: MIT Press, 1975).

[3] O'Keefe, P., Westgate K., and Wisner B., "Taking the Naturalness out of Natural Disasters", [J]. *Nature*, 1975, 260: 566-567.

[4] IPCC, "Climate Change 2001: Impacts, Adaptation and Vulnerability", Contribution of Working Group II to the Third Assessment Report of the Intergovernmental Panel on Climate Change, edited by J. J. McCarthy, O. F. Canziani, N. A. Leary, D. J. Dokken and K. S. White (eds). Cambridge University Press, Cambridge, UK, and New York, USA, 2001.

[5] 金磊：《北京城市灾害及新世纪安全战略》[J]，《灾害学》2000年第15（2）期，第23~28页。

[6] 吴庆洲：《古代经验对城市防涝的启示》[J]，《灾害学》2012年第27（3）期，第111~115、121页。

[7] 樊运晓、罗云、陈庆寿：《区域承灾体脆弱性评价指标体系研究》[J]，《现代地质》2001年第15（1）期，第113~116页。

[8] 陈文方、徐伟、史培军：《长三角地区台风灾害风险评估》[J]，2010年第20（4）期，第77~83页。

[9] 文彦君：《陕西省自然灾害的社会易损性分析》[J]，《灾害学》2012年第27（2）期，第77~81页。

[10] 李辉霞、蔡永立：《太湖流域主要城市洪涝灾害生态风险评价》[J]，《灾害学》2002年第17（3）期，第91~96页。

[11] 大卫·多德曼：《城市形态、温室气体排放与气候的脆弱性》[J]，《人口与计

划生育》2011 年第 2 期，第 62 页。

[12] 张斌、赵前胜、姜瑜君：《区域承灾体脆弱性指标体系与精细量化模型研究》[J]，《灾害学》2010 年第 25（2）期，第 36～40 页。

[13] Adger, W. N. et al. (2004), "New Indicators of Vulnerability and Adaptive Capacity" [R]. http://www.tyndall.ac.uk/content/new-indicators-vulnerability-and-adaptive-capacity.

[14] O'Brien K. et al. (2004), "Mapping Vulnerability to Multiple Stressors: Climate Change and Globalization in India" [J]. *Global Environmental Change*, 14: 303－313. doi: 10.1016/j.gloenvcha.2004.01.001.

[15] Hahn, M.B. (2009), et al., "The Livelihood Vulnerability Index: A Pragmatic Approach to Assessing Risks from Climate Variability and Change—A Case Study in Mozambique", *Global Environ. Change* [J], doi: 10.1016/j.gloenvcha.2008.11.002.

[16] Katharine Vincent (2004), "Creating an Index of Social Vulnerability to Climate Change for Africa" [W]. http://www.tyndall.ac.uk/content/creating-index-social-vulnerability-climate-change-Africa.

[17] Inke Schause et al. (2010), "Urban Regions: Vulnerabilities, Vulnerability Assessments by Indicators and Adaptation Options for Climate Change Impacts" (ETC/ACC Technical Paper 2010/12) [R]. http://acm.eionet.europa.eu/reports/ETCACC_ TP_ 2010_ 12_ Urban_ CC_ Vuln_ Adapt.

[18] Balica S. F. et al. (2012), "A Flood Vulnerability Index for Coastal Cities and Its Use in Assessing Climate Change Impacts" [J], *Natural Hazards*. (published on line 16 June, 2012). DOI 10.1007/s11069－012－0234－1.

[19] Preston, B. L. et al. (2008), "Mapping Climate Change Vulnerability in the Sydney Coastal Group. Canberra," http://www.csiro.au/resources/Sydney Climate Change Coastal Vulnerability.html.

[20] Adger, W. N., Vincent (2005), "Uncertainty in Adaptive Capacity" [J], Geosci 337: 399－410.

[21] Preston BL, Brooke C et al. (2009), "Igniting Change in Local Government: Lessons from a Bushfire Vulnerability Assessment," *Mitig Adapt Strateg Glob Change* 14: 251－283.

[22]《中国气象灾害大典》编委会编《中国气象灾害大典》（上海卷）[M]，气象出版社，2006。

[23]《中国气象灾害大典》编委会编《中国气象灾害大典》（江苏卷）[M]，气象出版社，2008。

[24]《中国气象灾害大典》编委会编《中国气象灾害大典》（浙江卷）[M]，气象出版社，2006。

[25] 王迎春等：《城市气象灾害》[M]，气象出版社，2009。

[26] 科学技术部社会发展科技司编著《适应气候变化国家战略研究》[M]，科学出

版社，2011。

[27] Ngo, E. B., "When Disasters and Age Collide: Reviewing Vulnerability of the Elderly" [J], *Natural Hazards Review*, 2001, 2 (2): 80 – 89.

[28] Kar, N., "Psychological Impact of Disasters on Children: Review of Assessment and Interventions" [J], *World Journal of Pediatrics*, 2009, 5 (1): 5 – 11.

[29] 段华明：《城市灾害社会学》[M]，人民出版社，2010，第 134 页。

[30] 张钟汝、章友德、陆健、胡申生：《城市社会学》[M]，上海大学出版社，2001，第 223 页。

[31] 潘家华、郑艳：《适应气候变化的分析框架及政策涵义》[J]，《中国人口·资源与环境》2010 年第 20（1）期，第 1 ~ 5 页。

[32] 姜允芳等：《城市规划应对气候变化的适应发展战略——英国等国的经验》[J]，《现代城市研究》2012 年第 1 期，第 13 ~ 20 页。

中国新型城镇化进程中的城乡融合发展研究

◇李红玉*

【摘　要】　长期以来中国实行城乡分割的城镇化模式，表现出明显的城乡分割、城镇化水平低、进程缓慢等特点，由此带来城乡发展差距拉大、城乡间要素流动不畅等问题，社会经济发展的效率和公平都处于较低水平。十多年来，中国正处于工业化、城镇化快速推进时期，国力显著增强，由数量扩张向质量提升的整体战略转型成为当前发展的重要任务，以城乡融合型城镇化为特色的新型城镇化建设就是这一新时期战略转型的核心内容。本文在分析城乡融合的内涵、基本特征及判别标准等要素的基础上，提出了推进城乡融合发展的战略思维和途径。

【关键词】　新型城镇化　城乡融合　城乡统筹

一　城乡融合的内涵和科学基础

中国自1980年代中期农村乡镇企业快速发展以来，城乡关系问题日益凸显，理论界和决策层逐步认识到城乡二元分割阻碍了经济社会发展。由此实践层面的城乡经济体制改革开始启动，与此同时，国内社会学、经济学、

* 李红玉，中国社会科学院城环所副研究员，城市规划研究室主任，主要研究方向为城市规划。

生态学、城市地理、城市规划等专业领域的学者对城乡协调发展展开了广泛的理论与实证研究，其研究内容多集中于城乡融合发展的主体内容、发展目标、本质特征、动力机制、建设模式、规划实施等方面。这些研究也从不同角度对城乡融合进行了解读。

（一）城乡融合的内涵和类型

1. 基本内涵

城乡融合是以城乡一体化为特征的新型城乡关系，是城市与乡村之间逐步实现要素的合理流动和优化组合的过程。城乡融合型城镇化促使生产力在城市和乡村之间合理分布，城乡经济和社会生活紧密结合与协调发展，逐步缩小直至消灭城乡之间的基本差别，从而使城市和乡村融为一体。

一些社会学学者从城乡人居关系的角度出发，认为城乡融合是指相对发达的城市和相对落后的农村，打破相互分割的壁垒，逐步实现人口的城乡自由流动，城乡经济和社会生活紧密联系并协调发展，逐步缩小直至消除城乡之间的生活水平断层，从而使城市和乡村融为一体[1]。

从经济发展规律和生产力合理布局角度看，城乡融合发展是指统一布局城乡经济，加强城乡之间的经济交流与协作，使城乡生产力优化分工，合理布局，协调发展，以取得最佳的经济效益，它是现代经济中农业和工业联系日益增强的客观要求。美国经济学家阿瑟·刘易斯在其代表作《二元经济论》中提出了发展中国家的经济“二元结构”理论。他认为发展中国家的社会生产可以分为以现代方式生产的劳动生产率较高的部门（A）和以传统方式生产的劳动生产率较低的部门（B）。A部门生产率较高，B部门的收入决定了A部门的下限。由于劳动力相对于劳动资料和资本更为丰富，因此，在劳动力无限供给的条件下，A部门将逐渐扩大，B部门将逐渐缩小，伴随着劳动力的转移，二元经济结构终将消除[2]。费景汉和拉尼斯[3]修正了刘易斯的这一假定，把农业部门的发展纳入了分析范畴，由此形成了刘易斯-费景汉-拉尼斯模型，这一模型将发展中国家的经济发展分为农业经济时期、二元经济时期和现代经济时期，进入现代经济时期即城乡融合实现之时。

规划学者从空间的角度提出应对城乡接合部作出统一的规划，即对具有一定内在关联的城乡空间要素进行系统安排。英国城市学家埃比尼泽·霍华德[4]出版了《明日的田园城市》。他倡导“用城乡一体的新社会结构形态来取代城乡对立的旧社会结构形态”。霍华德认为，城市中人口过于集中是由于它与乡村之间有引力联系，要把城市与农村相结合来统一规划。霍华德还设想，让若干田园城市围绕中心城市，构成城市组群，他称之为“无贫民窟无烟尘的城市群”。霍华德的田园城市理论为城乡融合发展奠定了理论基础。加拿大著名城市地理学家麦基（McGee）等[5]提出了 Desakota 模式，是具有亚洲发展中国家特色的城乡统筹发展的新模式，他认为在亚洲某些发展中国家和地区的经济核心区域出现了一种与西方的都市区形态相像而发展背景又完全不同的新型空间结构。Desakota 模式是一种以区域为基础的城市化，其主要特征是“高强度、高频率的城乡之间的相互作用，混合的农业和非农业活动，淡化了的城乡差别”。

生态环境学者从生态环境的角度，认为城乡融合是对城乡生态环境的有机结合，保证自然生态过程良性循环，促进城乡健康、协调发展[6]。因此要对城市市域进行生态一体化规划，按照生态系统的规律，在一个城市的市域中合理进行城乡布局与规划，保证城乡之间物质流、能量流、信息流以及资金流等的畅通，节省资源与能源的使用，从而实现城乡之间的生态互补。

综上所述可以认为，城乡融合是在生产力水平较高的条件下，充分利用市场高效配置资源的作用，以城带乡，以乡助城，互为接轨，相互渗透，实现城乡之间在经济、社会、文化、生态等诸方面的融合发展。它是“体制统一、规划一体、资源共享、利益共得”的城乡一体化的城镇化新格局。中国以沿海发达地区为先导，正在进入城乡融合发展的新阶段。

2. 主要类型

城乡的演进一般会经历如下几个阶段[7]：①乡村孕育城市；②城乡分

离；③城市统治和剥夺乡村，城乡对立；④城市辐射乡村；⑤城市反哺乡村，乡村对城市产生逆向辐射；⑥城乡互助共荣与融合。

中国的城乡融合型城镇化可以从地域空间特征、城乡间人口和劳动力要素流动规律、融合程度三个角度进行分类。

（1）从地域空间特征角度划分。一是在城市进行的城乡融合的城镇化——以农民工与城市市民的身份融合为特征。据国家统计局的抽样调查结果，2011年全国农民工总量达到25278万人，其中，外出农民工15863万人，其中举家外出农民工3279万人；本地农民工9415万人。进城农民的增长速度远高于目前城镇化的提高速度。2011年，中国城镇人口为69079万人，城镇人口占总人口比重达到51.27%。在城镇人口中，农民工及其家属约占27.5%。由此可见，农民工进城务工极大地推动了城市中城乡融合型城镇化进程。二是在现有农村进行的城乡融合的城镇化——以农民与城市居民的身份融合为特征。随着国家统筹城乡发展战略的实施，以国家发展改革委员会正式批准设立全国统筹城乡综合配套改革试验区为标志，全国各地都在开展多种形式的城乡统筹、城乡一体化建设，城乡建设用地增减挂钩、“合村并居”、农村产权制度改革等从不同层面为农村的城乡融合型城镇化提供了有效路径，其特点表现为就地城镇化。由于各地这种就地城镇化模式尚未与户籍制度改革相配套，因而尚未统计在现行的城镇化率之中，而目前很多地区采用的“综合城镇化率”包含了这部分城乡融合的就地城镇化的人口，其比重普遍高于同地区统计的常住人口城镇化率10个百分点以上。

（2）从城乡人口和劳动力要素流动规律角度划分。一是单向度流动融合类型：以乡村人口和劳动力流入城镇或就地城镇化为主。这一方面是由于中国目前处于工业化中期阶段，城市以发挥聚集作用为主；另一方面，也与城乡分割的管理体制尚在延续有关，由于城乡土地和户籍的二元分割管理、农村资源性产业投资准入的限制，以及目前农村产业比较效益较低等，城市人口向农村流动，或者城市的资本、技术等生产要素向农村流动都存在很多障碍。单向度要素流动是目前中国城镇化的主流模式。二是双向互动融合类型：城乡间人口和劳动力要素双向流动，融合互动。双向互动的城乡融合型城镇化，通过市场机制，为城乡间人口和生产要素的双向流动提供了具有法律保障的渠道，使城乡各自发挥比较优势，构建一体化的产业链条和产业体系，以及均等的基本公共服务体系，经济发展和社会生活水平趋于均衡。双向互动的城乡融合型城镇化是发达国家城镇化的普遍形式，这种模式将随着中国城市扩散效应的增强和城乡管理体制的改革，逐渐成为城乡融合型城镇化的主要形式。

（3）从城乡融合水平或融合程度的角度划分，可以把城镇化分为三种类型：一是城乡分割型城镇化，即传统的城乡二元结构模式；二是城乡不完全融合型城镇化，即打破城乡二元分割体制，但存在制度方面的城乡差别和发展水平上的城乡差距；三是城乡融合型城镇化，即城乡间要素自由流动，经济社会一体化发展。

（二）城乡融合的基本特征及判别标准

1. 基本特征

（1）体制机制逐步接轨。构建城乡接轨的管理体制和运行机制，是推动城乡融合型城镇化发展的重要基础，主要表现在制订一体化的城乡规划、户籍制度改革、土地产权制度改革等方面。

2007年，《中华人民共和国城市规划法》修改为《中华人民共和国城乡规划法》，由此，城乡融合型城镇化发展从规划上确立了法律依据，城乡规划区被定义为城市、镇和村庄的建成区以及根据城乡经济社会发展水平和统筹城乡发展的需要划定。但由于中国的土地利用规划尚实行城乡分割的规划体制，因此，城乡规划在实施中仍然受限于城市建设用地和农村建设用地的区分。

2009年中央经济工作会议提出，要把解决符合条件的农业转移人口逐步在城镇就业和落户作为推进城镇化的重要任务，放宽中小城市和城镇户籍限制。2010年5月27日，国务院批转了国家发展改革委《关于2010年深化经济体制改革重点工作的意见》，提出要“深化户籍制度改革，加快落实放宽中小城市、小城镇特别是县城和中心镇落户条件的政策。进一步完善暂住人口登记制度，逐步在全国范围内实行居住证制度”。2011年2月26日，国务院办公厅发布了《关于积极稳妥推进户籍管理制度改革的通知》，提出“要分类明确户口迁移政策；放开地级市户籍，清理造成暂住人口学习、工作、生活不便的有关政策措施；今后出台有关就业、义务教育、技能培训等政策措施，不与户口性质挂钩。继续探索建立城乡统一的户口登记制度。逐步实行暂住人口居住证制度”。由此，城乡间的户籍制度限制基本消除。但附加在户籍制度上的社会福利目前并没有随着户籍的城乡融合而同步融合，已经转为城镇居民的农村人口很多仍然依靠农村土地保障生活。另外，城镇人口转为农村人口，目前还没有制度许可，因此目前的户籍制度改革仍为单向度的改革。

以“确权赋能”“土地市场化”为核心的农村土地产权制度改革，将宪法规定的农村各种产权通过权证的形式确定到户，使之成为农民法定的资产，并赋予可流转的、市场化的资本禀赋。这一举措着眼于建立健全归属清晰、权责明确、保护严格、流转顺畅的现代农村产权制度，不仅落实了土地承包权登记制度，而且为多种形式适度规模经营培育了市场环境。

（2）城乡经济融合发展。工业化既包括工业本身的发展和技术水平的进一步提高，也包括用先进科学技术推动农业产业化，提高农业产品附加值和商品质量，实现农业的现代化，以及由技术进步和第三产业发展所引起的城乡产业结构和就业结构的融合变化。城乡经济融合是城乡融合型城镇化的首要支撑，通过城乡间现代工业产业链条、资源产业链条、现代服务业网络以及农业产业化等方面的建设，城乡间的经济发展水平趋于动态均衡。

（3）城乡社会融合发展。“十二五”规划纲要提出，要推进基本公共服务均等化，逐步缩小城乡区域间生活水平和公共服务的差距。近年来，中国的基本公共服务范围不断扩大，服务质量不断提高，在推进基本公共服务均等化方面取得了明显成效。例如，城乡免费义务教育全面实施，国民教育体系比较完备；基本医疗保障实现了制度层面的城乡全覆盖，城乡基层医疗卫生服务体系基本建成，免费基本公共卫生服务项目不断增加，国家基本药物制度和医疗服务体系开始建立；基本实现县县有文化馆图书馆、乡乡有综合文化站，公共博物馆、纪念馆、科技馆等公共文化设施逐步向社会免费开放；社会保障制度不断完善，失业、医疗、养老等基本保险覆盖面不断扩大等。但总体而言，区域基本公共服务均等化的成效相对显著，但城乡间基本公共服务均等化的水平还有待提高。

（4）城乡基础设施建设一体化。城乡间的交通网络一体化建设和运营管理、供排水设施和环卫设施的一体化达标设置，是城乡融合型城镇化基础设施体系的基本特征。目前，农村基础设施建设存在的问题主要表现为运营管理机制和经费不到位，交通、供水等管网基础设施进村易、入户难，村庄尚未纳入城市基础设施建设财政投入覆盖范围。近年来，中国中东部地区的农村公路建设初步实现了建制村通柏油路或水泥路，农村饮水安全工程建设初步实现村村通自来水，农村能源建设正在普及推广户用沼气，带动农村改圈改厕改灶。农村人居环境建设逐步实现垃圾集中收运处理、解决人畜混居等突出问题。

2. 城乡融合的判别标准

目前城乡二元分割的根源在于城乡分割的二元管理体制，因此城乡间体制机制的接轨是城乡融合发展的基础。可选取综合城镇化率来衡量城乡人口、社会和公共服务的融合状况，用农村土地产权流转比例来衡量城乡资产资本化水平，通过对这两个指标的分析，来总体判断城乡融合中体制机制的影响。

城乡的经济融合是城乡融合发展的动力，用城乡主导产业关联度来衡量城乡产业的融合和一体化发展状况，用城乡人均 GDP 比来反映城乡经济实力的差距，用恩格尔系数差来反映城乡消费结构差距。

基本公共服务和城乡环保状况用城乡人均基本公共服务投入比和农村生活污水达标处理率来反映，这两个指标是衡量乡村建设水平的重要指标，也是目前中国乡村城镇化中面临的主要短板。

（三）城乡融合发展的科学基础和宏观背景

由城乡二元分割发展向城乡融合发展转型是一个区域由非均衡发展向均衡发展转型升级的过程，很多国家的城镇化都经历了这一过程，中国的城乡分割由于受计划经济体制的影响，表现尤为突出。随着区域社会经济发展水平的不断提高，经济发展要求城乡间要素充分流动，社会发展要求实现不同地域人群生存权益的均等化，而这两方面都要求城乡的生态环境对经济社会发展提供全域的、可持续的支撑，因此，以城乡融合发展为特征的城乡融合型城镇化成为城镇化健康发展的必然选择。对此，国内外理论界的研究和决策层的指向主要表现在以下三个方面。

1. 城乡均衡发展理论为城乡融合发展提供了理论依据

（1）Desakota模式。是麦吉教授近年来提出的一种新的发展模式，他认为未来的城乡结构是在社会地理系统的相互作用与相互影响下形成的一种新的空间形态，即“泛城市”或“扩大的都市区”“城乡灰色地带”等[8]。这种模式使靠近大都市的农村地区与大都市相互融合，在都市边缘和都市间，沿铁路、高速公路的交通走廊地带形成了城乡融合的新的空间经济及聚落形态。

（2）区域网络发展模式。这个模式是道格拉斯从城乡相互依赖角度提出来的，他认为“区域城市网络”是基于许多聚落的功能体（clustering），每一个地域聚落都有其地方化特征，相互之间内部关联，而不是在区域中将单个的大都市作为综合性中心。乡村通过“要素流”与城市的功能和作用相联系，为确保均衡发展目标的实现，“流”必须导向一种“城乡联系的良性循环”。

（3）城乡相互作用理论。塞西利亚·塔科里和大卫·塞特思威特（Tacoli和Satterhwaite）回顾了近年来“城乡相互作用”的研究，特别关注现代经济、社会和文化变化对城乡相互作用的影响途径，并就此构建了“城乡相互作用和区域发展”的关联模式。这种模式强调中小城镇在乡村和区域发展以及缓解贫困中的枢纽衔接作用，认为中小城镇是生产效率高于乡村，而生活成本低于城市的城乡相互作用的交集点。

2. 中国已经进入推进城乡融合发展的战略机遇期

从经济社会发展的一般规律和客观要求来看，统筹城乡一体化发展，符合城乡关系演变的基本规律。根据国际经验，人均 GDP 超过 1000 美元、农业占 GDP 的比重降到 15% 以下、城镇化率达到 35% 以上，就进入了工业化中期阶段，正处在工农关系调整的转折时期，开始具备工业反哺农业、城市支持农村的条件；当人均 GDP 超过 3000 美元、农业占 GDP 的比重降到 10% 以下、城镇化水平达到 50% 以上时，是推动城乡融合、一体发展的最佳时机。中国 2011 年人均 GDP 超过 5000 美元，农业占 GDP 的比重为 9.3%，城镇化水平达到 51.3%，已经进入了以城带乡、以工促农、城乡互动、一体发展的重要阶段，推进城乡一体化发展正当其时。

3. 城乡融合发展已经成为重要的国家战略

自 2002 年党的十六大提出“统筹城乡发展”以来，城乡融合和一体化发展已经成为中国重要的国家战略。2003 年十六届三中全会提出了“五个统筹”，并把“统筹城乡发展”列在首位。2007 年党的十七大提出要“建立以工促农、以城带乡长效机制，形成城乡经济社会发展一体化新格局”，把“统筹城乡”提升为“城乡一体化”；特别是党的十七届三中全会，作出了“三个进入”的判断，认为“中国总体上已进入以工促农、以城带乡的发展阶段，进入加快改造传统农业、走中国特色农业现代化道路的关键时刻，进入着力破除城乡二元结构、形成城乡经济社会发展一体化新格局的重要时期”，提出要把加快形成城乡经济社会发展一体化新格局作为推进农村改革发展的根本要求，并明确了“城乡一体化”的发展目标，即到 2020 年，基本建立城乡经济社会发展一体化体制机制。由此，“城乡一体化”被提到了国家战略的高度，为中国的改革探索指明了方向。2012 年，党的十八大进一步提出，城乡发展一体化是解决“三农”问题的根本途径。把推进新型城镇化作为推进经济结构战略性调整的重点，加大统筹城乡发展力度，增强农村发展活力，坚持走中国特色新型工业化、信息化、城镇化、农业现代化道路，推动信息化和工业化深度融合、工业化和城镇化良性互动、城镇化和农业现代化相互协调，促进工业化、信息化、城镇化、农业现代化“四化”同步发展。

二 推进城乡融合发展的战略思路和途径

传统的工业化和城镇化战略造成了城乡二元分割，这种城乡分割的发展战略既不符合科学发展要求，也不利于可持续发展，中国需要实现从城乡分割的二元发展战略向城乡一体化发展战略转变，即向城乡融合型的新型城镇化模式转型。城乡一体化发展大体可分为两个阶段，前一个阶段是城乡融合发展阶段，后一个阶段是城乡一体化发展阶段。根据城乡一体化进程的一般规律，首先应进行城乡制度的一体化建设，之后是城乡基础设施的一体化建设和城乡社会事业发展标准的一体化建设，最后是城乡发展的一体化建设。目前，中国的城镇化正处于城乡融合互动发展阶段。未来发展的思路要以科学发展观为指导，深化体制机制改革，为从城乡融合发展阶段向城乡一体化发展阶段过渡打下体制机制基础；不断完善共享型融合发展模式，探索和创新城乡一体化发展新机制，最终实现城乡经济、社会、文化、政治、生态的一体化，使城乡居民共同享有发展成果。为此，要从以下四方面来推进城乡融合型城镇化进程。

（一）加快推进城乡要素市场的一体化进程

创新是城乡融合发展的重要推动力。建立并完善城乡融合互动的体制机制，首先必须加快劳动就业、土地、资本、产权、技术等方面的融合创新，推进城乡要素市场一体化进程。

1. 深化农村产权制度改革

通过农村集体资产股份化、土地承包经营股权化，把集体资产和土地折股量化到人，使农民按股享受平等的收益分配，盘活农村资本。建立城乡建设用地流转制度，有偿使用村庄拆迁复垦腾出来的土地指标，实现农村集体建设用地指标远距离、大范围空间转移、优化配置。要实现上述改革，需要进行一系列制度创新，如耕地承包经营股权的流转期限和承包经营权的承包经营期限的制度化衔接；构建多元化的土地产权制度，保护土地转入方和转出方利益，使转入方有一个长期稳定的预期收入；健全土地承包经营权流转市场，实现土地征收的一级市场和土地流转的二级市场的有效衔接，逐步实行“同地同价”。与此同时，要加强农村产权制度改革的理论研究及政策与法律建设，降低改革风险和成本。

2. 深化户籍、就业与社会保障制度改革

要通过户籍制度改革，将户籍制度与社会管理制度分离，建立起城乡一体的医疗、卫生、教育、就业、养老保障、社会管理体制机制，为农村居民提供与城市居民均等的社会保障。要完善“农转居”的社会管理体制建设，实现社会保障的全员覆盖，并尽快提高保障标准；完善最低生活保障制度，建立社会救助体系；建立市域统一的劳动力就业市场，并加强就业信息化和技能培训服务能力建设。

3. 深化公共服务建设体制改革

建立政府主导、社会参与的新型基本公共服务供给体制。首先要采用市场化建设与政府购买相结合的方式建立以市场机制为基础的公共服务建设与供给体制，提高公共服务建设和供给效率；与此同时，加快完善财政向农村公共事业建设与服务发展倾斜的支出体制建设，做到两个比重提高：财政支出中农村支出的比重不断提高，逐步做到农村支出的比重超过城市支出的比重；财政支出中基本公共服务支出的比重不断提高，其中农村基本公共服务支出比重要超过城市基本公共服务支出的比重。要开展乡镇政府财力建设的体制改革，制定城市对乡镇的转移支付制度，提高乡镇财力。

4. 深化社会管理体制改革

针对农村社区和农村新型居民点的新特征，对原有的社会管理体制进行改革，建立政府与社会团体、社区居民相结合的社会管理体制。一是明确政府在社区的基础设施建设和基本公共服务建设及社会管理中的责任。

二是构建鼓励农村社会团体和农村社区居民参与建设管理的新型机制。三是要建立社区中间组织扶持制度，发挥非政府组织在提供公共服务方面的作用。

5. 加快金融和资本政策创新

要充分利用市场经济提供的创新空间，推动不同类型的金融融合创新，以项目为纽带，加强国有金融与民间金融的融合创新。金融政策创新的重点应围绕建立并完善城乡一体的金融市场体系，推进乡村的建设与发展，建立健全城乡居民、企业的新型信用机制；深化农村信用社改革，发展多种形式的农村社区金融机构、小额信贷组织和社区资金互助组织；创新金融衍生工具和服务手段，为城乡居民提供一体化的现代金融服务。

引导推广土地资本与工商资本、技术资本融合的资本融合创新模式，同时，加强股权化的土地资本与资金的融合创新，即通过体制机制创新，在有一定担保基础的前提下，允许使用股权化的土地资本进行必要的融资，以解决发展资金不足和贷款难的问题。打破城乡界限、内资与外资界限、国有资本与民间资本的界限，鼓励工业资本与商业资本之间、内资之间、内资与外资之间的融合，创新并建立不同资本融合基础上的新产业资本形态。

（二）推进城乡产业融合和一体化发展

在目前城乡经济发展融合互动向一体化发展的过渡阶段，农村的农业生产发展和工业化都面临发展阶段上的转型任务，主要表现为通过城乡产业的融合、分工协作来实现城乡经济的良性循环和一体化发展。具体包括以下内容。

1. 推进城乡产业融合，优化产业结构和空间布局

在城乡二元分割的产业格局下，普遍存在产业的结构性矛盾问题，主要表现为：农业基础脆弱，劳动力严重过剩，劳动生产率和经济效益低下；工业发展质量低，要素结构不合理，竞争力不强；缺乏城乡一体化布局的现代服务业体系，服务业对经济总量的贡献不足，城乡人口的生活服务能力区域不均衡。因此，要以农业产业化和农村土地合理流转为起点，大力加强各类产业的城乡联动，统筹城乡相关产业的发展。培育产业链、促进产业集群发展、扶持城乡产业一体化，既要引导农村生产要素合理向城市产业流动，也要为城镇的人口和资本向农村流动打开政策阀门。同时要大力优化三次产业的空间布局，形成城乡一体化布局的产业体系网络，使同一产业部门的生产要素在城乡间按照市场规律合理流动。

充分发挥市场机制在资源配置中的作用，通过产业政策引导，使城市产业和农村产业根据资源要素禀赋，发展各自有比较优势又具有互补性的产业。在生产要素价格的影响下，城市产业优化升级，而资源密集型产业向低要素成本的乡村地区转移以获取更大发展空间，并带动农村剩余劳动力实现本地就业。乡村产业应按照市场规律发展有农村资源优势、传统工艺和特定市场优势的特色产业，形成新的区域竞争力。

2. 加强农村基础设施建设，为城乡产业融合提供硬件支撑

在已规划的城、镇、农村新型社区和特色村体系基础上，当前应加快中心镇和新型社区的基础设施建设，从而完善城镇、新型社区、特色村基础设施的网络化联系，在经济社会发展过程中发挥城镇、新型社区和特色村体系带动经济社会发展的效用；完善“以企带村”的城镇化发展新模式，充分发挥特大型企业在城镇化建设中的作用；完善农村新社区的路网、水网、电网、能源网、通信和有线电视网等基础设施建设，加强社区公共事业基础设施建设，完善社区的服务功能，增强吸引力，改善社区居民的生活环境；加快特色村庄的基础设施建设，完善“改路、改水、改厕、改灶、改暖”的“五改”建设。

（三）统筹城乡生态建设和环境共同治理

1. 加强城乡一体化的生态网络建设

以林地生态网络、水系生态网络、农田生态网络和建筑生态网络建设为主体，以生态廊道为纽带，构建自然、稳定、优美的生态景观网络，维护生物的多样性，逐步形成景观特色鲜明、生态良性循环、可持续发展的城乡一体化的生态网络体系。

以生态绿地建设为中心，以市域水系沿岸生态廊道建设为轴线，建设城乡融合的生态网络系统，同时对城市周边山体、城乡接合部空闲地进行全面的生态绿化；在城乡道路两侧建设与慢行道和步道相结合的特色绿化带，形成林荫路系统；在农村和荒芜地区，要通过生态网络建设，逐步实现非工程手段对工程手段的替代，维护天然林地正向演替，使人工生态系统与自然生态系统互惠共生；实现河渠水系流域贯通；减少园林景观绿地，发展生态绿地，完整保留市域野生生物栖息地及其周边环境和迁徙通道。

2. 建立城乡一体的循环经济体系

引导发展循环型企业、循环型园区、循环型产业，统筹城乡循环经济发展，建设城乡一体的循环经济体系。建立以社区回收点为基础，以集散交易中心为载体，以综合利用处理为目标的三个层次的城市再生资源回收利用网络体系。采用环境友好型技术，按照生态化、无害化要求组织农业生产，减量使用化肥、农药、农膜，扩大有机肥施用面积，推广生物农药，减少来自农业生产的污染，推广使用可降解农膜，引导农业产业结构向生态化、无害化方向调整。创建生态文明村，推进农村沼气工程和生态创建工作。

3. 加强城乡环境保护治理

对现有城市乡镇的环卫设施进行扩容、扩建，提高处理能力，增大服务半径，实现市域多向辐射。采取政府建设、市场运营的方式，结合高端现代生态农业，逐步实现城乡餐厨垃圾资源化再利用，实现餐厨垃圾生态大循环，减少城市生活垃圾。农村社区继续推广生物集成处理法、沼气法、人工湿地法等生活污水处理模式，逐步提高全市域污水处理水平。建设完善农村集中居住区和大型旅游风景区的污水处理设施和管网设施，构建重点地区的中水回用系统。对于分散乡村和工矿区、景点，要大力推广“户用生活污水厌氧净化池 + 人工湿地 + 农田废弃物收集池 + 农村有机废弃物发酵沼气池”的方式，实现分散式治理，逐步消除城乡环境质量的差距。

The Study on Urban-rural Composition Development on the Process of China's New Urbanization

Li Hongyu

Abstract: For a long time, the urbanization mode of China showing a clear urban-rural split, low level of urbanization, slow process, etc., and leading some questions, such as the widening development gap between urban and rural areas, poor factors mobility between urban and rural, the efficiency and fairness of socio-economic development are at a lower level. Over the past decade, China is in the industrialization and urbanization, rapid promotion period, the strength significantly increased, the overall strategic transformation from quantity expansion to quality improvement become an important task of the current development, the new urbanization building characteristics of urban-rural composition is the core of strategic transformation. This paper proposes the strategic thinking and approaches on pushing urban-rural integration development based on the analysis the connotation, basic characteristics and criterion of urban-rural integration.

Key Words: New Urbanization; Urban-rural Composition; Urban-rural Integration

参考文献

[1] 王春光:《新生代农村流动人口的社会认同与城乡融合的关系》[J],《社会学研究》2001 年第 3 期。

[2] 刘易斯:《二元经济论》[M], 北京经济学院出版社, 1989。

[3] 费景汉、拉尼斯:《劳动剩余经济的发展: 理论与政策》[M], 经济科学出版社, 1992。

[4] 埃比尼泽·霍华德:《明日的田园城市》[J] 第 1 版, 商务印书馆, 2010。

[5] McGee, T. G. and I. Robinson (eds.), "The Mega-urban Regions of Southeast Asia", *Policy Challenges and Response. Vancouver* [M], 1987, UBC Press, p. 385.

[6] 宋言奇：《从城乡生态对立走向城乡生态融合》[J]，《苏州大学学报》2007 年第 2 期。

[7] 缪尔达尔：《亚洲的戏剧——南亚国家贫困问题研究》[M]，方福前译，首都经济贸易大学出版社，2001。

[8] Ginsburg N., Koppel B., McGee T. G., *The Extended Metropolis: Settlement Transition in Asia* [M]. University of Hawaii Press, Honolulu, 1991: 34.

生态城镇化发展质量控制标准研究与实践

◇董山峰　孟凡奇*

【摘　要】　中国正在经历世界上前所未有的城镇化进程。随着资源与环境压力的加大，可持续发展必然成为城市发展质量控制的终极目标。本文把指标体系作为城镇化发展质量控制的重要工具，结合项目的实际需要，以及对现有情况进行诊断和潜力分析，明确指标体系的整体编制方向，构建了一整套的控制城镇化向可持续发展方向的标准化体系，并在多个项目中进行实践，不断修正，形成了战略与技术评估系统（Strategy and Technique Assessment System，STAS）完整实施体系。

【关键词】　生态城镇化　质量控制标准　指标体系　STAS

一　国内生态城市建设背景

按照中国目前的趋势，到2025年，将有大约10亿人居住在城市。届时，中国将出现221座百万以上人口城市，其中包括23座500万以上人口的城市。[1]我国城镇化发展迅速，2002～2011年，我国城镇化率以平均每年

* 董山峰，硕士，御道咨询公司董事长。自2002年开始，相继参与了东滩生态城（上海）、中新天津生态城、青岛中德生态园、北京未来科技城、廊坊万庄生态城、海南龙门生态城、连云港连云新城等多个生态城的可持续发展实践。孟凡奇，硕士，御道咨询公司咨询总监。作为专业负责人先后参与过上海东滩生态城、廊坊生态城、中新天津生态城、海南龙门生态城、青岛中德生态园等多个生态城的规划、指标体系等项目。

1.35 个百分点的速度发展，城镇人口平均每年增长 2096 万人。2011 年，城镇人口比重达到 51.27%。伴随着快速城镇化，资源、环境的问题层出不穷，中国城镇化面临着持续的挑战。

在实践过程中，笔者把指标体系作为城镇化质量控制的抓手，提出了 STAS 理论构建方法，运用诊断、实施和评估的路线，分步实施指标体系，从规划、建设和运营各个环节控制城镇化的质量，先后在中新天津生态城、青岛中德生态园及北京未来科技城等多个项目中进行实践，逐渐完善和发展相应的理论方法并用于指导新的实践。

二 指标体系编制与实施的思路——通过指标体系实现城镇发展质量的控制

如图 1，指标体系的编制是通过分析项目地的经济、社会、环境需求，结合当地实际特点，对现有的分析项目综合情况进行诊断，结合总体规划理

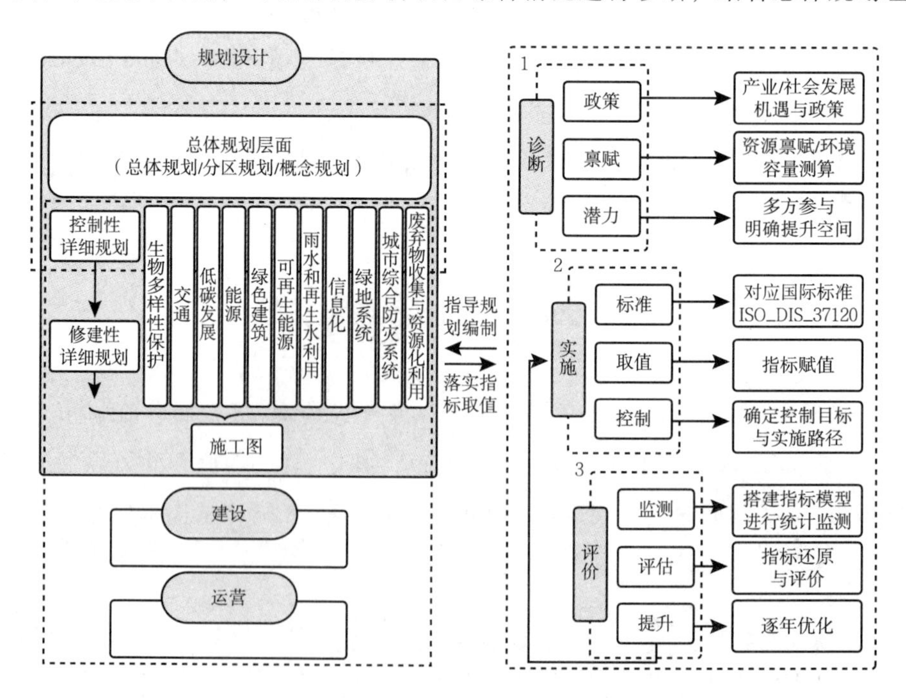

图 1 指标体系编制及实施的技术路线

念和目标，有针对性地提出潜力提升方向。确定出相应的多级指标体系，并通过相应的指标取值来确定各方面的量化提升目标，以及为保证目标实现而采取的控制策略。

同时，为未来运营管理阶段预留出接口，通过指标评估，逐年对指标体系进行完善，实现良性循环的提升。

三　诊断思路

诊断过程采用了笔者开发的 BPimpact 模型评估方法对项目地的整体情况进行综合性分析，从而确定出潜力提升方向（见图 2）。

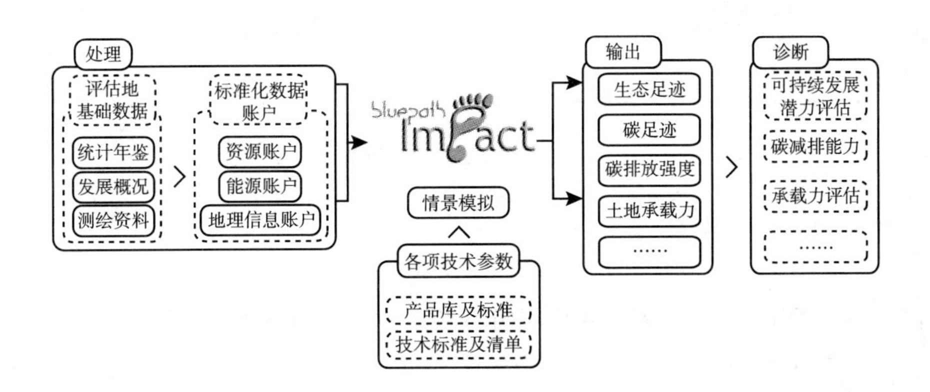

图 2　BPimpact 评估程序示意

1. 政策层面诊断

各个项目的立项和开展都有相应的政策发展背景，如中新天津生态城是中国、新加坡两国政府的战略性合作旗舰项目，建设之初即响应中央政府提出的生态文明和可持续发展的号召，满足“人与人、人与经济活动、人与自然和谐共存”和“能实行、能复制、能推广”的要求。作为世界上第一个国际合作的生态城市，需要从多个方面试水。因而在指标体系实施方面，需要考虑如何在以上方面体现出相应的要求。

2. 资源禀赋诊断

资源禀赋衡量的是当地的资源承受力和环境容量，具体包含以下方面。

（1）生态足迹评估

生态足迹模型通过比较生态足迹与生态承载力来比较资源消费水平与资源供给能力（见图 3）。

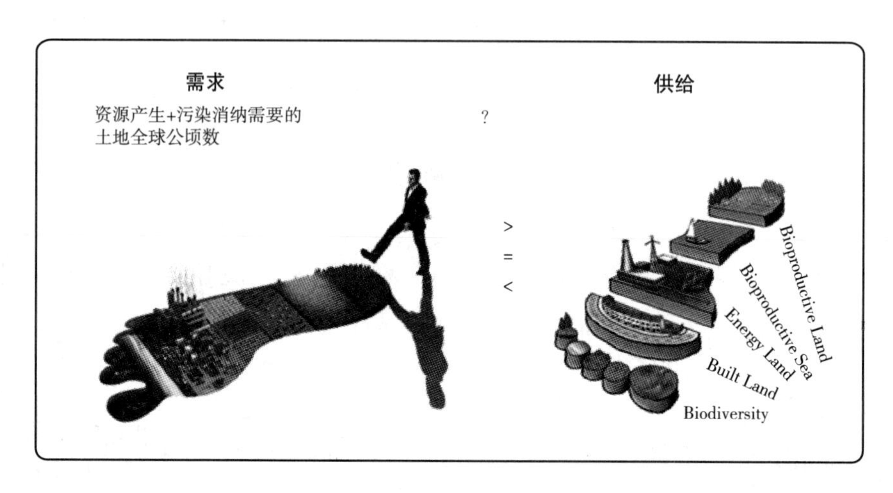

图 3　生态足迹评估思路

注：折算成全球公顷数，1 单位的全球性公顷指的是 1 公顷具有全球平均产量的生产力空间。

评估结果，例如青岛中德生态园的 2010 年生态盈亏为 -1.054gha/人。以青岛市现有城市的发展水平作为中德生态园未来的发展前景，如果按常规模式发展，中德生态园生态盈亏将扩大为 -2.461gha/人。如果按绿色生态指标体系的最终要求，实施绿色生态相关技术及管理，生态盈亏将缩小到约 -1.3gha/人左右。良好的生态效益，对中国目前可持续发展的示范意义较大。

（2）碳排放评估

碳排放参考了国内外相关的碳排放计算方法，根据各项目地的实际情况，建立了相应的碳排放测算模型。碳排放分解到建筑、交通、产业、市政、碳汇等方面，具体的计算方法见图 4。

具体计算结果，如青岛中德生态园，按照常规情景、低碳情景、强化低碳情景进行评估，各自的计算结果见表 1。

折算为可比较相对指标（单位 GDP 碳排放）后，与其他地区比较结果见图 5、图 6。

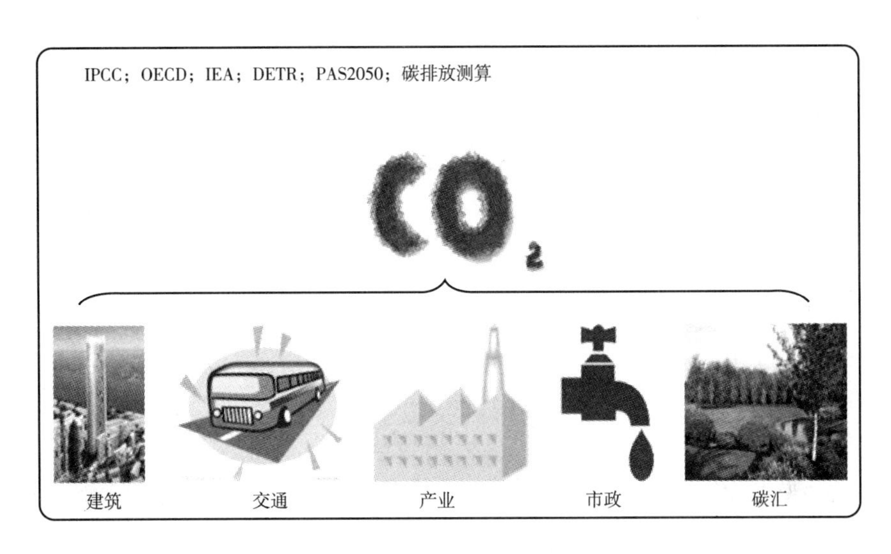

图 4　碳排放评估测算思路

表 1　中德生态园碳排放模拟评估结果

生态园 2020 年 CO_2 总排放量（吨）			
常规情景	696690.9	强化低碳情景	423784.8
低碳情景	626219.6		

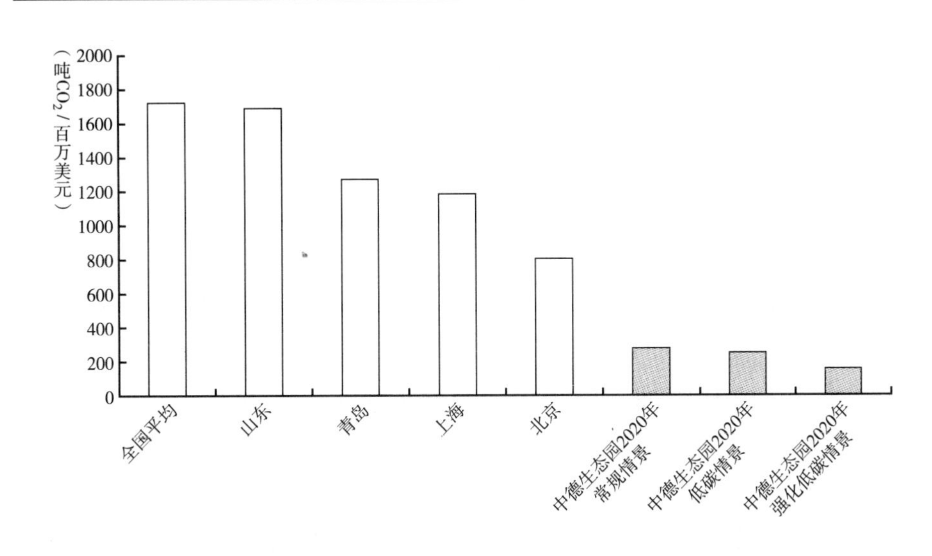

图 5　中德生态园低碳发展情景模拟值与中国其他地区碳排放强度比较

资料来源：基于各地统计年鉴数据估算。

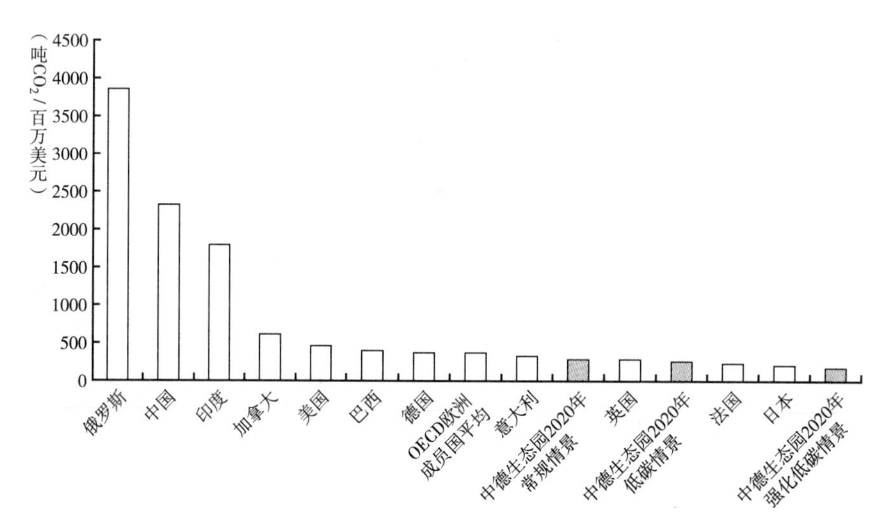

图 6　中德生态园低碳发展情景模拟值与世界主要国家排放水平的比较

资料来源：IEA，“World Energy Outlook 2010”［R］，2010。

又如，在北京未来科技城，比较发达国家的碳排放强度，可以看出，北京未来科技城的碳排放目标，总体优于目前世界上各国的碳排放强度值（见图 7）。由于北京未来科技城产值较高，而常住人口较少，因此其单位

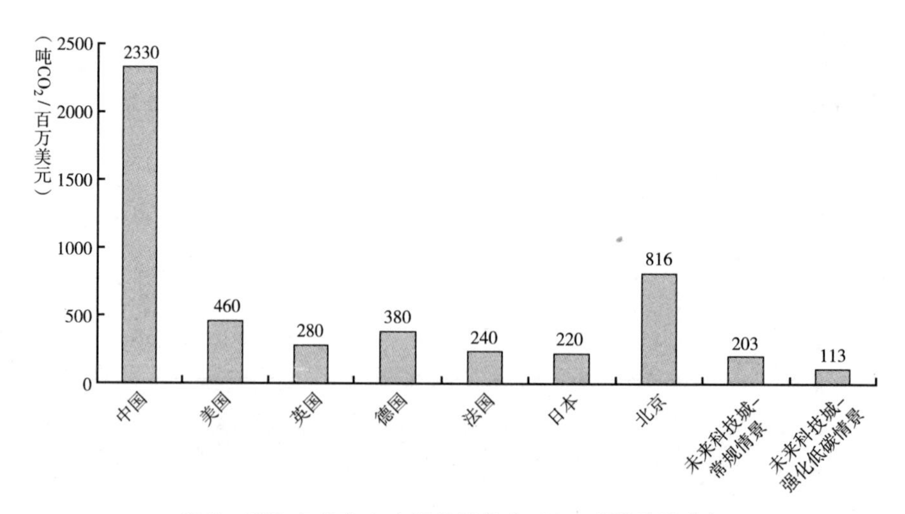

图 7　2009 年北京未来科技城单位 GDP 碳排放强度与世界各国及地区比较

资料来源：2009 年世界各国的碳排放强度数据来自 IEA 的研究报告“World Energy Outlook 2010”，北京市数据来自北京市 2010 年统计年鉴。

GDP 碳排放低于国内平均水平，但仍低于美国等发达国家（见图 8）。其中，可见通过未来科技城的生态建设，单位 GDP 碳排放强度将会比常规模式①的 203 吨 CO_2/百万美元降低到 113 吨 CO_2/百万美元，减排率达 44.3%。人均碳排放将由常规模式的 13.33 吨 CO_2/人降至 7.42CO_2/人，低于全国人均碳排放水平。

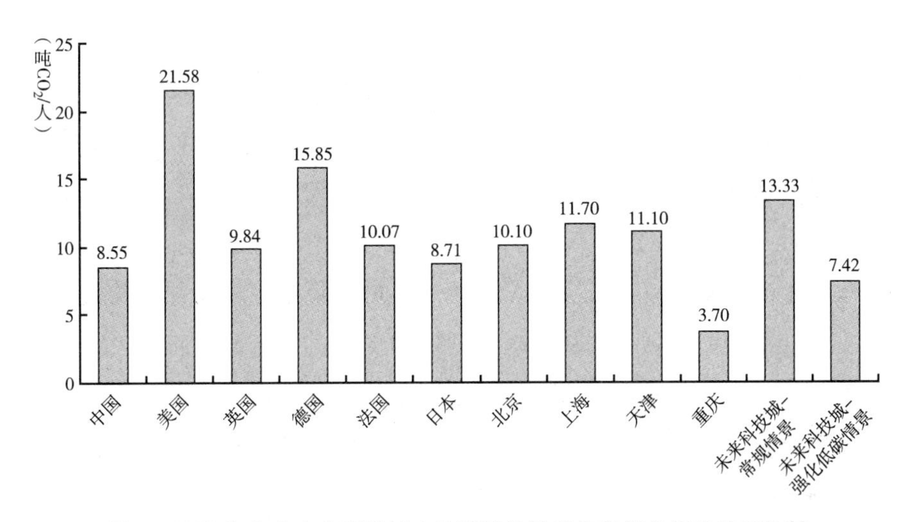

图 8　2009 年北京未来科技城人均碳排放强度与世界各国及地区比较

资料来源：2009 年世界各国的碳排放强度数据来自 IEA 的研究报告“World Energy Outlook 2010”，北京市数据来自世界银行报告——《Sustainable Low-Carbon City Development in China》。

（3）可再生能源禀赋

通过分析当地的可再生能源资源，评估能源利用的经济性与技术可行性，以未来科技城为例，分析如下。

太阳能资源：北京地区太阳能资源属于较丰富区，年日照时数达到 2600 小时左右，年累计太阳能辐射量达到 5042.1MJ/m^2。

浅层地能资源：一方面，北京属于土壤源热泵应用的适宜性区域；另一方面，当地岩土层结构由中粗砂、细砂、黏性土组成，热响应实验结果冬季为 30～40W/m，夏季为 55～60W/m，因此，换热能力较好，土壤源热泵应用条件较合适。

污水资源：污水源热泵也是该区域内可再生能源应用的重要形式之一。

① 常规模式指未来科技城不应用绿色生态技术或管理而达到的效果。

未来科技城污水的温度，冬季在13℃左右，夏季在20～25℃，是热泵系统非常好的低位热源。未来科技城的污水资源，按科技城规划污水量5万立方米/日考虑，可以为30多万平方米的公共建筑提供采暖空调；若按远期规划的11万立方米/日考虑，可以为70万平方米的公共建筑提供采暖空调。

生物资源禀赋：北京地区是我国生物多样性较低的地区之一。而未来科技城位于城乡接合部的平原地区，更处于生物多样性分布的低洼地，生物多样性整体贫乏。具体而言，该地区具有以下特点：物种丰富度整体偏低；区系成分简单；多为人工生态系统，优势物种多归化和栽培种；生态系统空间分布多呈片段化，分布不均，生态系统服务价值较低。

（4）土地开发敏感度分析

按土地开发敏感度的社会人文、自然环境、生态保育三方面要求进行分析。其中社会人文体现了居民对原有地区的文化、生活等方面的记忆，自然环境包括山体地貌和水体景观的保护要求，生态保育包括汇水情况、生态廊道、生物栖息地保护等。通过GIS分析，最终得到敏感性分析结果。

3. 潜力

结合项目的诊断与发展定位分析，指标体系确定出相应的方面，如未来科技城指标体系将围绕“创新、开放、人本、低碳、共生”五个方面来构建。对于每个方面，规划有相应的潜力提升方向（见表2）。

表2　未来科技城潜力提升方向

围绕方面	未来科技城潜力提升方面
创新	• 产业技术研发实力雄厚，产业化成果突出 • 信息化基础设施完善，引领城区形成新的生产生活模式 • 运行机制的创新
开放	• 国内外知识、智慧的交流 • 原有居民、高新人才的共同分享发展成果 • 开放空间、公共服务设施、土地资源的集约可达
人本	• 提高环境质量，开放绿色空间，打造宜居宜业的氛围 • 提高经济效益，促进职住平衡，建设活力四射的新城
低碳	• 低碳运行的建筑、交通、废弃物、水资源系统 • 综合的低碳经济体系
共生	• 生态保育 • 社会和谐

四　实施思路

1. 标准

为达成青岛中德生态园社会、经济、资源和环境的综合平衡发展，突出发展的核心理念，最终形成以下指标体系框架，如图9所示。

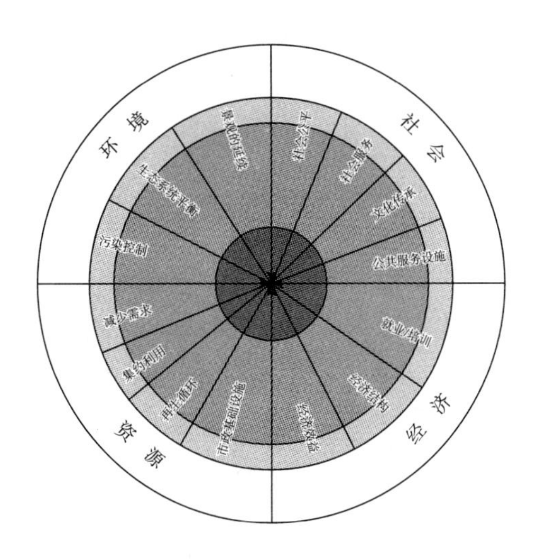

图9　青岛中德生态园指标体系框架

青岛中德生态园最终形成了包含40个指标的指标体系，其中，8个经济维度指标，7个环境维度指标，12个资源维度指标，7个社会维度指标，以及6个引导性指标。具体见表3。

2. 取值

以单位GDP碳排放强度为例，演示以上指标的目标取值测算。

计算方法：单位GDP碳排放量的统计分建筑、交通、市政、产业、碳汇五部分。将各部分的碳排放量（或减碳量）相加，再除以园区GDP总量，可以得到单位GDP碳排放量。

为使计算更加切合实际情况，我们模拟了不同的情景模式。以建筑碳排放为例，综合考虑供暖、供冷、照明等情况的能耗，可得表4。

表3　青岛中德生态园指标体系

类别	一级指标	二级指标名称	序号	指标值	
				2015年	2020年
经济优化	减少生产排放	单位GDP碳排放强度	1	≤240吨CO_2/百万美元	≤180吨CO_2/百万美元
		企业清洁生产审核实施及验收通过率	2	100%	100%
		单位工业增加值COD排放量	3	≤1kg/万元	≤0.8kg/万元
	提高利用效率	工业余能回收利用率	4	≥30%	≥50%
		单位工业增加值新鲜水耗	5	≤9m^3/万元	≤7m^3/万元
		工业用水重复利用率	6	≥75%	≥75%
	转变产业结构	中小企业政策指数	7	≥3	5
		研发投入占GDP比重	8	≥3%	≥4%
环境友好	平衡宜居宜业	人均公园绿地面积	9	30平方米/人	30平方米/人
		区内地表水环境质量达标率	10	100%	100%
		区域噪声平均值	11	昼间均值≤55dB(A)，夜间均值≤45dB(A)	昼间均值≤55dB(A)，夜间均值≤45dB(A)
		城市室外照明功能区达标率	12	100%	100%
	降低建设影响	园区范围内原有地貌和肌理保护比例	13	≥40%	≥40%
		绿色施工比例	14	100%	100%
	保育生物多样	鸟类食源树种植株比例	15	≥30%	≥35%
资源节约	促进源头减量	绿色建筑比例	16	100%	100%
		日人均生活用水量	17	≤100L/(人·日)	≤100L/(人·日)
		日人均生活垃圾产生量	18	≤0.8kg/(人·日)	≤0.8kg/(人·日)
		建筑合同能源管理率	19	≥20%	100%
	开展多源利用	分布式能源供能比例	20	≥30%	≥60%
		可再生能源使用率	21	≥10%	≥15%
		非传统水资源利用率	22	≥30%	≥50%
		垃圾回收利用率	23	≥40%	≥60%
	完善设施系统	绿色出行所占比例	24	≥70%	≥80%
		建筑与市政基础设施智能化覆盖率	25	100%	100%
		开挖年限间隔不低于五年的道路比例	26	100%	100%
		危废及生活垃圾无害化处理率	27	100%	100%

续表

类别	一级指标	二级指标名称	序号	指标值	
				2015 年	2020 年
包容发展	共享幸福社区	民生幸福指数	28	≥90 分	≥90 分
		步行范围内配套公共服务设施完善便利的区域比例	29	100%	100%
		步行 5 分钟可达公园绿地居住区比例	30	100%	100%
		保障性住房占住宅总量的比例	31	≥20%	≥20%
		本地居民社会保险覆盖率	32	100%	100%
	加强交流合作	适龄劳动人口职业技能培训小时数	33	≥20 小时/年	≥25 小时/年
		中德国际交流活动频率	34	≥1 次/年	≥1 次/年
引导性指标		环境空气质量提升	35	N/A	N/A
		园区智能化系统高水平建设	36	N/A	N/A
		海洋新兴产业发展优先	37	N/A	N/A
		本地产业共生与配套完善	38	N/A	N/A
		绿色设计理念推广	39	N/A	N/A
		海洋文化特色突出	40	N/A	N/A

表 4　建筑碳排放强度表

指　标	常规情景	低碳情景 1	低碳情景 2	强化低碳情景
碳排放强度(吨 CO_2)	1161106.36	951786.74	1059515.93	616918.59
单位 GDP 碳排放强度(吨 CO_2/百万美元)	184.3	151.08	168.18	97.92

通过类似方法可得交通、市政、产业、碳汇在各情境下的指标值，相加后得到碳排放总量。并且可以按照地块用地面积，将指标值分解到各个地块。

3. 控制

在指标值目标确定之后，须对其进行监控。当监控结果偏离规划时，可以从不同方面入手进行整改，从而保证目标值的完成。

以绿色建筑比例为例，为使园区的各地块在绿色建筑的重要方面得到有效的控制，可以从园区整体规划、绿色技术体系、管理政策措施、激励奖励机制等几方面着手，保证整个园区在绿色建筑的规划建设中协调一致，使园区100%的绿色建筑实现良性发展（见图10）。

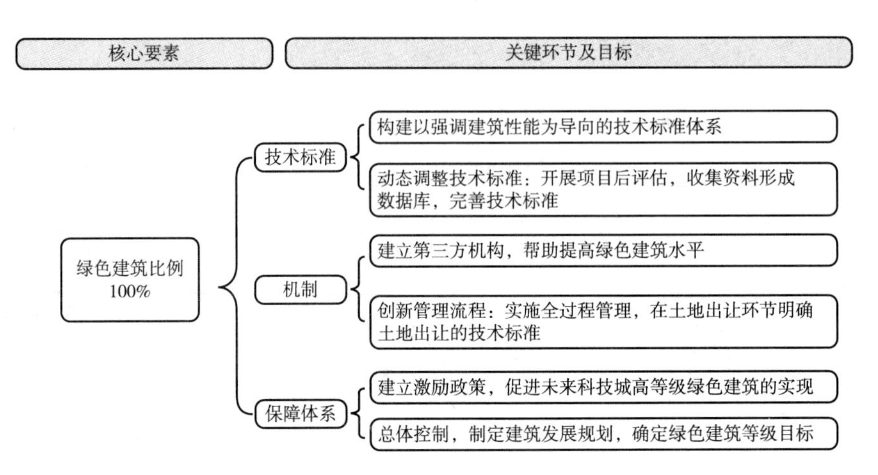

图10　绿色建筑比例实现的关键环节及目标

通过对关键环节的梳理，最终形成部门操作指南，指导各部门协作推动指标体系落实。

五　评价思路

在规划过程中将建立的指标体系融入功能架构的不同服务系统，从而在建设、运营过程中始终保证对指标体系的把控。通过这些智能化服务系统把与指标体系相关联的数据收集上来，再进行系统性整合，形成指标体系按年统计及优化的平台（见图11）。

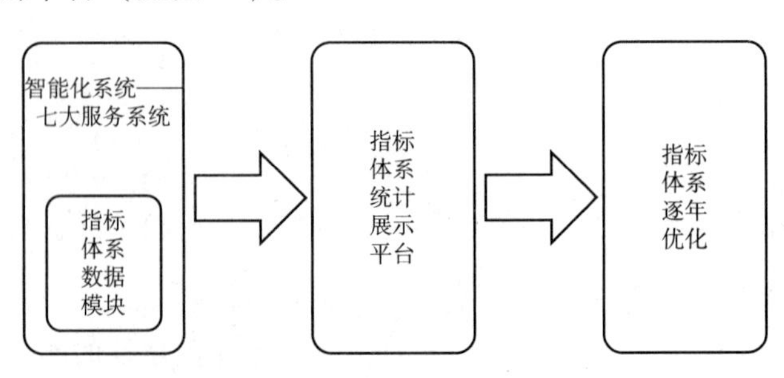

图11　领导决策支持系统

The Study and Practice on Quality Control Standards of Ecological Urbanization

Dong Shanfeng　Meng Fanqi

Abstract: China is experiencing the unprecedented urbanization development in the world. With increasing pressure on resources and environment, sustainable development is bound to become the ultimate goal of urban development quality control. Authors consulting company used index system as an important tool for urbanization development quality control in recent years, by combining with the actual needs, diagnosing the existing situation, analyzing the potential, to clear the overall establishment direction of the index system, built a set of quality control standards of ecological urbanization, and practiced in multiple projects, constantly revised, formed STAS (Strategy and Technique Assessment System) full implementation system.

Key Words: Ecological Urbanization; Quality Control Standards; Indicator System; STAS

参考文献

[1]《迎接中国十亿城市大军》[R]，麦肯锡研究报告，2008 年 3 月。

基于文化空间因子的北京旅游环境解说研究*

◇张祖群　朱良淼**

【摘　要】　本文将文化空间的定义分析作为切入点，通过文化空间因子对北京遗产旅游进行研究分析，并进一步进行相关遗产旅游解说。从聚落文化、自然文化、历史文化、非物质文化四个方面对北京遗产旅游环境进行详细讨论与解说。研究认为：①对历史文化遗产及其周边环境进行整体保护，体现遗产所处的四种不同环境，就要让身处其中的人可以真实、全面地了解这座城市的历史文化信息，感受其历史文化内涵。②现状环境中重点建构筑物分类研究，为非物质文化遗产的展示提供物质空间环境，同时进行合理的功能保留与功能置换，保护与延续原住居民生活，让公众参与到保护与整治过程中来。

【关键词】　文化空间　北京遗产　旅游　环境解说

一　研究综述

（一）吴良镛先生关于北京城市文化空间因子的相关观点

在吴良镛先生主导的《北京城市总体规划（2004～2020年）》中第一

* 基金项目：国家社会科学基金青年项目（遗产地铭刻时代痕迹与旅游发展研究，12CJY088）等。

** 张祖群（1980～），男，湖北应城人，首都经济贸易大学工商管理学院旅游管理系副主任、副教授、硕士生导师，主要研究领域为区域经济与遗产旅游等；朱良淼（1990～），女，北京人，首都经济贸易大学工商管理学院旅游管理系毕业生，研究方向为旅游管理。

次确定北京的城市性质为国家首都、国际城市、文化名城、宜居城市。温家宝总理指出："北京市的城市定位来之不易，是几十年探索、实践、总结经验的结果，城市定位确定下来就应该毫不动摇地坚持下去"。吴良镛对规划中关于北京城市性质的定位有以下的分析（见表1）。

表1　吴良镛关于北京城市定位的解读

定位内容	解　　读
国家首都	在中国漫长悠久的历史长河中，都城是一个国家的物质与文化的精髓、文明程度的集中体现。秦始皇都城咸阳"表南山为阙"，西汉萧何以"非壮丽无以重威"之势营造未央宫，隋凿龙首原营造大兴城，唐继承之营造长安城，宋在黄河边营建开封城，《清明上河图》与《东京梦华录》折射其繁华，刘秉忠督造元大都，明朝继承元制继续营造北京城，将其立于"天下之中"。美国华盛顿、巴西的巴西利亚、印度新德里、法国巴黎、澳大利亚堪培拉、英国伦敦等也十分注重都城形象的建设。历史文化名城的保护和建设具有多种现代化功能的首都在同一空间内进行，传统与现代的摩擦会产生激烈矛盾，会产生城市中心区的拥堵杂乱等城市病。要以整体观点，对行政功能提出相应的疏解方式，对首都北京提出适当超前的完整战略部署和战略定位
国际城市	随着我国经济社会的快速发展，国际交往日益密切，需要不断增强北京的承载功能，需要足够的发展空间和更高的环境质量。经济社会的发展、相关政策的变化等促使国家首都逐步膨胀。北京的核心功能区相对较多，空间紧凑，城市设施环境缺少相应的竞争力。只有使整个"首都地区"预见到地区可能发展的大趋势，首都地区的经济发展活动应向东移，关注环渤海的发展，共建"国际城市"，才有可能适应发展的要求
文化名城	《诗经》的"商邑翼翼"，汉赋有《西京赋》《两都赋》等都是歌咏都城建设成就的华章。作为中国历代都城建设"最后结晶"的北京，拥有六处世界文化遗产（是世界上自然、文化遗产最多的城市），是人类文明的伟大遗产，被誉为"城市设计思想的光辉宝库"。北京市人民政府已于2004年1月向联合国教科文组织世界遗产中心做出"整体保护北京旧城"的郑重承诺，现在正全力推动"中轴线"申请世界文化遗产。以保护、继承、发扬北京历史名城为核心，创造代表新时代中华文明的新标志，是一项十分严肃的、义不容辞的时代任务
宜居城市	国务院在《北京城市总体规划（2004～2020年）》的批复中指出："要采取有效措施，进一步改善居住环境，满足人民群众的物质、精神和身体健康的需要。切实提高人民群众的居住和生活质量，把北京市建设成为我国宜居城市的典范"。任务明确而艰巨，"宜居"成为国内诸多城市的发展目标。建设宜居城市是北京城市规划的重要内容，努力满足居民住房、出行、教育、文化、医疗、健身等方面的需求，营建适宜于人类居住的环境是关系到北京的城市发展、居民日常生活和工作的重要内容

注：根据文献[1～4]综合整理而成。

上述四大定位对首都北京基本功能的确定具有重要意义，这四大功能定位是四位一体、不可分割的，它是落实北京最新规划的前提和引领性文件，是指导未来发展的重要战略指导。

（二）侯仁之先生关于北京城市文化空间因子的相关观点

在侯仁之看来，北京的城市规划建设中有三大里程碑（见表2）：

表2　侯仁之对北京城市规划建设的解读

序号	名称	里程碑意义
第一个	建筑紫禁城	紫禁城的建成距现在已有570余年，紫禁城的建设是北京城市建设的核心。它作为封建王朝统治时期的建筑之一，是我国传统建筑史上的伟大杰作。紫禁城至今仍是北京全城空间结构的支柱与中心，是“世界文化遗产”，值得全人类共同传承
第二个	天安门广场	天安门是新中国成立之后，在北京原有空间结构的基础上继承传统进行创新建造的，是中轴线上的重要组成部分。它体现出“古为今用，推陈出新”的时代特征，对文化传统起到承前启后的特殊作用
第三个	亚运村、奥运村	中轴线向北延伸，兴建亚运村和奥运村，标志着北京已经走向国际性大都市，融入世界

注：根据文献[5~9]综合整理而成。

巍峨壮丽的紫禁城是北京城市规划建设上的第一个里程碑，充分显示了封建皇权时代帝王至上的社会思想。新中国成立后，将天安门广场从宫廷广场改建为城市市民广场，古今融合为一体，体现出一个人民当家做主的新国家之气象，这是天安门成为北京城市规划史上第二个里程碑的重要原因。在原有中轴线的基础上逐步延伸，尊重历史文脉兴建的亚运村和奥运村是第三个里程碑，突出了21世纪首都的新风貌，凸显了国际性大都市的气象。

（三）遗产旅游的环境解说

第一，遗产旅游环境解说的国外相关研究。环境解说是在解说的基础之上逐步发展，融入了环境教育的内容和目的（见表3）。

表 3 国外不同学者对环境解说定义的解释[10]

学者	看法
Brown(1971)	是一种沟通环境知识、意识、交流手段和设施的综合体,目的在于引起人们对环境问题的思考、讨论及产生环境保护行动
Aldridge(1972)	解释人类在其生活环境中所占的地位,增加游客对人与环境两者关系的重要性认识,唤起公众的愿望,使其对环境维护能有所贡献
Mahaffey(1972)	是一种沟通人与环境概念的过程或活动,意在启发人对环境的认知,解释人在环境中所扮演的角色
Reyburn(1974)	是让听众了解他们在生态环境中有所作用的一种教育形式
Knapp(1994)	是以培养对环境负责的个体为最终目标,揭示自然资源及其与人类相互关系为目的的交流过程

资料来源:王民、蔚东英、陈晨:《通过环境解说实施环境教育的研究》[J],《环境解说》2005年第5期,第4~7页。

从上表所述中,可以总结出关于环境解说的几个核心要点:①环境解说是一种集教育、管理和信息传递于一体的交流服务过程。②环境解说尝试帮助人们了解造访地的文化与特性,培养欣赏能力,进而培养人们对遗产、资源及环境保护的道德、行为和价值观。③环境解说是一种教育形式。

第二,遗产旅游的环境解说的国内相关研究。目前国内大陆地区的环境解说相关研究很少,并且只是从旅游解说的规划与设计角度出发进行整合,并没有更加深入涉及环境解说的相关研究领域[11]。吴必虎等(1999)[11]将旅游解说系统分为两种,即自导式与向导式,同时比较了北京与香港的旅游解说系统差异,环境解说可作为提高城市总体旅游管理和服务水平的重要依据。吴承照(1998)[12~13]提炼出解说规划的内容框架、目标、流程以及规划内容等。磨洁(2000)[14]阐释了包含地质、气候、土壤、水文和空气质量等的森林生态旅游的环境解说规划基本框架。张祖群等(2007)[15]从历史地理学角度进行内业、外业考察,并试图提出古村落解说系统的构建概念、框架、模式等。作为环境教育的有效载体[16],环境解说在美国国家公园[17]、中国风景名胜区[18]、喀纳斯景区[19],以及高校校园[20]、南岳树木园[21]等领域应用较广,而在文化遗产展示体系中应用不多[22]。

目前缺乏站在社会公众立场、以公众需求为出发点的中国文化遗产解说，只有进行中西融合的立体遗产展示，同时最大程度、最广泛地吸纳公众参与，才能进行有效的遗产旅游解说。

二 北京遗产旅游解说的四维框架

北京故宫是中国第一批申请成功的世界文化遗产之一（1987年），要对故宫古建筑加以研究与保护。除建筑本体之外，还有外围风貌区，共同构成了皇城的“整体性”。同时，霍晓卫、李磊在《历史文化名城保护实践中对遗产“环境”的保护——以蓟县历史文化名城保护为例》一文中这样写道：“在对蓟县保护规划的研究过程中，针对‘环境’的保护提出几个重要工作思路。首先是研究范围要从传统的以历史城区为主扩展到整个县域范围，这样才能尽可能地去理解与研究‘环境’，尤其是大的自然环境与聚落环境；其次建立起县域、历史城区、历史文化街区（含村镇）、文保单位、非物质文化遗产共五个保护层次，针对不同的保护层次有不同的‘环境’保护对象与方法；再次，一定要重视对环境要素与保护对象主体之间的‘文化关联’分析，明确二者之间密不可分的整体性，深入论证环境是保护对象主体价值的必要组成部分；最后要明确历史文化名城保护的立足点还是空间与实体，必须将对‘环境’的保护落实到城市建设管理部门可以施行的具体措施上来。”[23]通过阅读此文，可以将蓟县当作北京城的微缩标本。对北京文化遗产的环境解说需要确定以下几个方面：首先，要确定研究范围，要从传统的北京旧城区扩展到整个北京市，这样才能理解“环境”的意义，尤其是自然环境与聚落环境；其次，要分层次地对环境进行研究保护，比如可以分为历史文化街区、文物保护单位等，针对不同层次选择与之相对应的方法；再次，要注重遗产与环境之间的关联，保证二者之间的整体性。总而言之，北京的文化遗产环境解说主要包括文化环境、自然文化环境、历史文化环境和非物质文化环境等几个方面。

（一）聚落文化环境

古人云：“幽州之地，北枕居庸，西拥太行，东临渤海，南俯中原，诚天府之国。”从地理方面看，北京北部的军都山属燕山山脉，西山属太行山脉，太行山与燕山在南口附近的关沟交会，合成了一个向东南方向展开的大山弯，像一个半封闭状态的海湾，故历来被称作“北京湾”。北京小平原或北京湾（侯仁之先生界定）是南北往来的交通枢纽，在经济发展到一定的条件时，大约在商代后期形成了城市。北京的聚落结构反映了区域聚落历史变迁的历史文化价值。北京一些地区保留了原有的传统格局，尚存一定的历史遗迹，整体风貌较好，具有反映城市历史变迁的历史文化价值。

（二）自然文化环境

北京地貌景观总体特征是西北高、东南低，地势垂直高差大。北京西部、北部及东北部三面环山，东南部是向渤海缓倾的北京平原，永定河、潮白河、温榆河自西北向东南蜿蜒而过，地理形胜体现出“前挹九河，后拱万山”之格局，依山傍水的优越自然环境，为古人在营建都城时提供了有利条件。所以，首先要系统评估城市范围内的山体山脉及河湖水系，以此为基础重点研究旧城三重风水格局和选址规律，探索城市与环境有机结合与和谐统一的天人合一哲学思想。通过这些方式可以对北京的自然文化环境进行整体的、系统的评估，对山河湖泊进行详细的梳理，从而可以更加完善地按各朝各代的迁移顺序对北京旧城的山水风格以及选址规律进行分析，研究其所蕴涵的哲学思想。

（三）历史文化环境

文化线路基于它自身具体的和历史的动态发展和功能演变，基于一定的历史文化事件。我国在历史上很早就成为拥有广阔疆域的大帝国，从而具有文化线路保护的先天优势。统一的行政管辖有利于引发大量的跨区域的文化事件，涉及战争防御、交通商旅、宗教朝拜等丰富题材，如丝绸之路、大运河、长城、茶马古道、秦直道等，根据这些文化事件可以使不同城市之间、城市与乡野之间建立起密切的文化关联[23]。北京城从西周时期开始，作为历史古都，拥有独特的历史文化事件，如历史上著名的北京保卫战、戊戌变法、五四运动等，而不同的要素之间通过这些历史文化事件相互联系，呈现出遗产的重要性与独特性，文化线路的保护是典型的对历史文化名城“环境”的保护类型。

（四）非物质文化环境

《西安宣言》明确界定，非物质文化环境是指“所有过去和现在的人类社会和精神实践、习俗、传统的认知或活动、创造并形成了周边环境空间中的其他形式的非物质文化遗产，以及当前活跃发展的文化、社会、经济氛围”[24~25]。由于北京悠久的历史文化及宗教、艺术、手工业和商业等方面鲜明的特色，大量宝贵的非物质文化遗产在此传承发扬。

2003 年初冬，北京出现了一个叫“京城百工坊”的地方。许多非物质文化遗产都会集在北京著名的京城百工坊中，“百工”，原本是中国古代主管营建制造的工官名称，后来被沿用为各种手工业者和手工行业的总称。《考工记》中，一开篇便有“国有六职，百工与居一焉……审曲面，以饬五材，以辨民器，谓之百工”的记载。至明清两代，朝廷的内务府下设造办处，专供皇家御用。在其鼎盛时期，共设作坊 42 间，每间作坊都会集了全国各地的能工巧匠，当时的民间称其为“百工坊”[26]。京城百工坊，是一座会集了国内 130 多位工艺美术顶级大师的大师坊，也是占据京城民间手工艺制造业半壁江山的代表，被称为“活的”中国工艺典术馆。法国总统希拉克题词：“百工坊——中国的卢浮宫”。如今，到百工坊看绝活，和登长城、吃烤鸭一起，已被列为到北京旅游必做的三件事[27]。与明清时代的“百工坊”不同，它的性质并非纯粹官办，而是一个改制后的民营企业，它所选择的地址，其前身为“北京料器制造厂”。今天的“京城百工坊”会集了多位国家级、北京市和省级工艺美术大师，以及其他具有独特技艺的民间工艺师，建立了 30 多座不同种类的工艺作坊。“京城百工坊”申报了第三批区级非遗名录[28]。“京城百工坊”仍然采用“前店后厂”的经营方式，但大师的云集形成了有别于传统家庭作坊经营的集约化模式。“京城百工坊”大厦外观古雅宁静，里面是一幅展示京味儿的风情画。大厦内所有楼道以胡同的形式出现，两旁店面一水儿的老北京小平房风格，泥人张、面人由、料器坊等30多个工艺坊分布其间，古朴典雅，富有文苑意境。“京城百工坊”吸引游客的不仅仅是精美的工艺美术作品，更重要的是这里可以观摩大师表演绝活，了解工艺品的制作过程，体验大师的生活。北京市将原本散落在城市各处的非物质文化遗产传承人会集到一起，在非物质文化遗产的“文化空间”上，制定针对实体的管理措施，既可以使非物质文化遗产得到很好的保护，又可以对其进行规范的管理，可谓一举两得。

三　北京遗产旅游管理的经验与启示

第一，结合视觉规律进行整体环境的分析研究。对历史文化遗产及其周边环境进行整体保护，体现遗产所处的四种不同环境（见图1），其中自然文化环境是基础，聚落文化环境是形态表现，历史文化环境是内涵支撑，非物质文化环境是文化依托。要让身处其中的人可以真实、全面地了解这座城市的历史文化信息，感受其历史文化内涵。所以，要结合人的视觉规律对所处

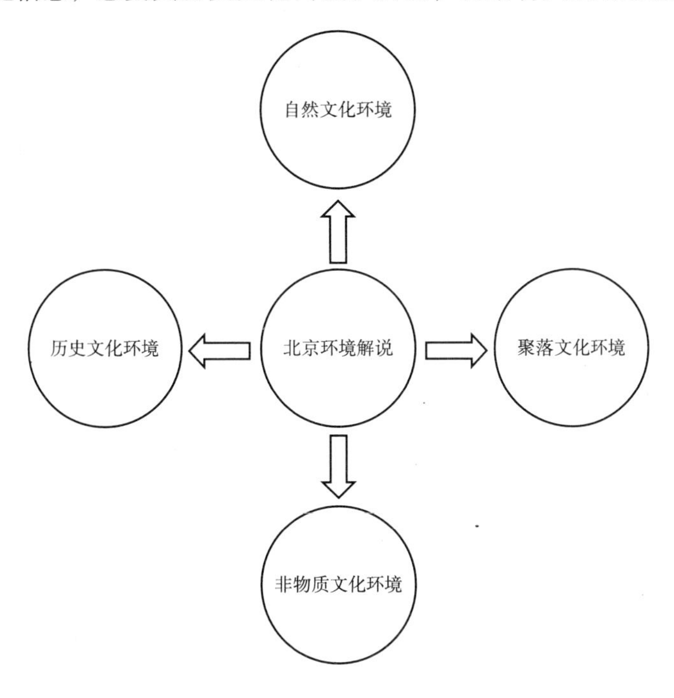

图1　不同环境之间的关系

环境进行全面彻底的分析，从而确定研究范围，设计出适合该城市的管理方式。要针对历史文化遗产及其周边建筑环境中的各种复杂构成要素，尤其是作为规划与设计重点的建构筑物进行分类，进而制定相应的分类规划与整治导则。对建筑进行分类，在综合了解各类型特点的前提下，制定相应的分类整治导则，从而保证在长期整治过程中能够遵循统一的原则来实施具体整治措施。

第二，合理的功能保留与功能置换。由于历史文化遗产及其周边环境在形成和发展的过程中，会受到各方因素的影响，因此遗产本体往往由于周边环境过于杂乱而降低了历史真实性和重要性，例如北京天坛。因此，针对功能混杂的历史文化遗产及其周边的建筑环境，应该进行适当的功能整合。对遗产本体生存、保护和发展需要的功能予以保留，为了适应环境未来整体发展的需要可以进行相应的整治与改造，而针对障碍甚至是有害于遗产本体保护与发展的功能，应该结合城市环境的整体规划进行相应的功能调整或功能置换，如可用传统居住、文化型商业、传统商业、旅游休闲餐饮业等来替换掉原来不适合的部分。通过这种功能整合的方式，最终营造了与遗产本体更加协调统一的整体环境，使得遗产本体和周边的建筑环境从物质和精神层面都能够有机融洽地共生共存。

第三，为非物质文化遗产的展示提供物质空间环境。在历史文化遗产本体和其周边的建筑环境的整体保护与规划设计中，不仅应当关注遗产本体和其自身的物质环境的内容，而且应在保证遗产自身整体环境有机协调发展的前提下，有条件地为地域的非物质文化遗产展示提供一定的物质空间环境。

第四，原住居民生活的保护与公众参与。历史文化遗产和周边建筑环境的整体保护和发展，不仅要注重物质环境的统一协调，还要注重原住居民生活的保留与延续。这是为了该地区能够更加长久地发展，以及既有的历史文脉能够传承并延续。例如北京的胡同文化，是传统生活和现代文化相结合的典范。只有将两者融合才可以更好地将现代的元素融洽地、自然地融入传统环境当中。在整体的保护与整治过程中，当地公众的参与对于确保地域传统文化的继承发展，对于整体保护与规划设计的顺利进行，乃至对于实施后的进一步管理和继续发展都是非常重要的。这种公众参与的方式，是将政府、公众、设计师三方有机结合的工作方法，从遗产管理的长久发展来看，往往可以起到事半功倍的作用，也减少了未来发展中矛盾冲突的滋生。

Based on a Preliminary Study on the Cultural Interpretation of the Beijing Heritage Tourism Space Factor

Zhang Zuqun　Zhu Liangmiao

Abstract: From the spatial analysis of the definition of culture as a breakthrough point, through the cultural space factor for Beijing heritage tourism research analysis, and further to heritage tourism. From settlement culture and natural culture, history and culture, intangible cultural heritage tourism environment in Beijing for a detailed discussion and explanation. Study suggests: ①the historical and cultural heritage and the surrounding environment for the overall protection, heritage four different environment, will be in person can be real and comprehensive understanding of the city's historical and cultural information, its historical cultural connotation. ② the status quo of environmental classification research, focus on building structures in the material supplies for intangible cultural heritage exhibition space environment, at the same time keep reasonable function and displacement function, protection and continuation of the original residents life, allow the public to participate in the protection and renovation process.

Key Words: Cultural Space; Beijing Heritage; Tourism and the Environment

参考文献

［1］吴良镛:《北京宪章》［J］,《时代建筑》1999 年第 3 期，第 88～91 页。
［2］吴良镛:《北京旧城保护研究（上篇）》［J］,《北京城市规划建设》2005 年第 1 期，第 20～28 页。

［3］吴良镛：《北京旧城保护研究（下篇）》［J］，《北京城市规划建设》2005年第2期，第65~72页。
［4］吴良镛：《新形势下北京规划建设战略的思考》［J］，《北京规划建设》2007年第2期，第6~10页。
［5］侯仁之：《城市历史地理的研究与城市规划》［J］，《地理学报》1979年第4期，第315~328页。
［6］侯仁之：《北市旧城城市设计的改造——新中国文化建设的一个具体说明》［J］，《城市问题》1984年第2期，第9~21页。
［7］侯仁之：《从北京城市规划南北中轴线的延长看来自民间的“南顶”和“北顶”》［J］，《城市发展研究》1995年第1期，第10~11页。
［8］侯仁之：《紫禁城与北京中轴线——中国紫禁城学会第二次学术讨论会开幕式讲话》［R］，《中国紫禁城学会论文集》（第二辑），1997，第388~391页。
［9］侯仁之：《试论北京城市规划建设中的三个里程碑》［J］，《北京联合大学学报》（人文社会科学版）2003年第1期，第24~28页。
［10］罗芬：《森林公园旅游解说规划技术研究》［C］，中南林业科技大学旅游管理专业学位论文，2005。
［11］吴必虎、高向平、邓冰：《国内外环境解说研究综述》［J］，《地理科学进展》2003年第3期，第326~334页。
［12］吴承照：《从风景园林到游憩规划设计》［J］，《中国园林》1998年第5期，第10~13页。
［13］吴承照：《现代城市游憩规划设计理论与方法》［M］，北京：中国建筑工业出版社，1998。
［14］磨洁：《森林生态旅游中的环境解说：以伊春市为例》［C］，北京大学城市与环境学系自然地理专业本科毕业论文，2000。
［15］张祖群、赵明、侯甬坚：《中国黄土地区古村落（人类家园）环境解说系统研究之展望》［J］，《西北民族研究》2007年第1期，第105~109页。
［16］孙英杰：《大众环境教育的有效载体——浅谈旅游景区环境解说》［J］，《环境教育》2012年第8期，第74~75页。
［17］孙燕：《美国国家公园解说的兴起及启示》［J］，《中国园林》2012年第6期，第110~112页。
［18］李振鹏、王民、何亚琼：《我国风景名胜区解说系统构建研究》［J］，《地域研究与开发》2013年第1期，第86~91页。
［19］刘艳红、姚娟、张海盈：《喀纳斯景区环境教育解说系统的游客感知研究》［J］，《黑龙江农业科学》2013年第1期，第86~89页。
［20］王民、李泠：《基于绿色大学创建的高校校园环境解说规划设计——以北京师范大学为例》［J］，《南京林业大学学报》（人文社会科学版）2012年第2期，第46~51页。
［21］陈艳、刘韵琴：《南岳树木园环境解说有效性分析》［J］，《长沙大学学报》

2012 年第 6 期，第 28 ~ 31 页。
[22] 卜琳：《中国文化遗产展示体系研究》[C]，西北大学考古学博物馆学专业博士论文，2012，第 200 ~ 218 页。
[23] 霍晓卫、李磊：《历史文化名城保护实践中对遗产“环境”的保护——以蓟县历史文化名城保护为例》[R]，《城市规划和科学发展——2009 中国城市规划年会论文集》，2009，第 2935 ~ 2943 页。
[24] 张柏：《〈西安宣言〉的产生背景》[N]，《中国文物报》2005 年 12 月 7 日第 3 版。
[25] 郭旃：《〈西安宣言〉——文化遗产环境保护新准则》[J]，《中国文化遗产》2005 年第 6 期，第 6 ~ 7 页。
[26] 肇文兵、滕晓铂：《当代“百工”何以为计——京城“百工坊”走访札记》[J]，《装饰》2009 年第 1 期，第 34 ~ 38 页。
[27] 杨乃运：《百工坊：中国的卢浮宫》[J]，《北京时间》2005 年第 4 期，第 10 ~ 13 页。
[28] 李由：《百工坊申报第三批区级非遗名录》[J]，《北京东城年鉴》，北京：中华书局，2011，第 243 页。

100%可再生能源城市规划理念与方法研究

◇娄　伟*

【摘　要】　近年来，100%可再生能源城市日益成为国际上城市建设的一个热点，在我国积极推动新能源城市建设的大背景下，探讨相应的规划理论与方法具有较强的理论与现实意义。同城市专项能源规划关注城市能源的开发利用不同，100%可再生能源城市规划是集电力、交通、供热与制冷、土地等多种规划于一体的"多规合一"，涉及面较广，要求也相对较高。本文系统归纳分析了国际上100%可再生能源城市规划的理念与方法，并提出了一些针对我国100%可再生能源城市规划的建议。

【关键词】　100%可再生能源城市　城市规划　新能源城市　可再生能源城市

一　研究背景

在传统化石能源资源濒于枯竭，以及气候变化问题日益突出的大背景下，新能源与可再生能源城市建设日益引起多国的关注。近年来，无论是在国外还是国内，构建新能源与可再生能源城市都是热点。

---

* 娄伟（1969～），河南新蔡人，博士，中国社会科学院城环所副研究员，研究方向为新能源与可再生能源城市、城市规划。

在世界各地大力建设“新能源与可再生能源城市”的过程中，“100%可再生能源城市”概念也被提出，并受到广泛关注。“100可再生能源”意味着零化石能源及原子能源。“100%可再生能源城市”是指能源消耗100%是可再生能源的城镇，是可再生能源城市的最高级形态。100%可再生能源城市并不强调“零碳”，但“零碳城市”在能源消费方面则主要是太阳能、风能、水能等无碳排放的可再生能源。

近年来，部分国家已建成一些带有典型示范意义的100%可再生能源城市：丹麦的萨姆索岛；2001年，瑞典第三大城市马尔默市在一个旧的船坞基地上建立了一个生态友好示范区，现在已经建成的是世界闻名的“明日之城”社区；意大利北部的一个小镇Varese Ligure，目前100%使用可再生能源电力；美国佛罗里达州的巴布科克牧场（Babcock Ranch），是一个100%使用太阳能的社区，该社区自称为“明日之城”；美国俄亥俄州辛辛那提市在2012年夏天实现100%的可再生能源供电，成为美国最大的100%使用可再生能源电力的城市；从2012年1月开始，美国纽约中部的伊萨卡小镇开始100%使用有绿色能源认证的可再生能源电力；2012年，位于中太平洋东南部的太平洋岛国托克劳，成为世界上首个100%太阳能光伏电力供应国家；德国的Dardesheim打造了全可再生能源城镇等。

同时，国外有大量城镇也提出了建设100%可再生能源城市的规划及目标：

德国：柏林计划100%使用可再生能源供电，慕尼黑提出2058年成为无碳城市的目标，班贝格市提出2035年100%使用可再生能源电力及热力的目标，弗赖堡提出2035年实现100%可再生能源的目标，巴伐利亚弗赖辛提出到2020年实现100%可再生能源发电。

美国：旧金山提出2020年实现100%绿色电力目标，夏威夷郡瞄准100%可再生能源的目标并坚定实现这一目标的决心，格林斯堡镇利用灾区重建机会打造全方位环保“绿城”，印第安纳州雷诺兹镇计划建设能源完全自给的生物城镇，西雅图提出2050年转型成“碳中和”城市。

丹麦：哥本哈根市提出2025年成为世界上第一个零碳排放城市的目标，腓特烈松市提出2015年成为100%可再生能源城市的目标，森讷堡市提出2029年之前成为“零碳城市”的目标。

奥地利：上奥地利州提出2030年达到100%可再生电力和热能目标，布尔根兰州提出2020年实现100%可再生能源的目标。

澳大利亚：莫兰德市提出2030年实现碳中和目标，弗林德斯岛计划达到100%的可再生能源。

瑞典：哥特兰岛计划到2025年实现气候中和能源供应，克里斯蒂安斯塔德积极建设“没有矿物燃料的城市”。

其他一些国家的一些城市也纷纷提出100%可再生能源的目标：阿联酋阿布扎比目前正在沙漠地区建设一座“马斯达城”，这将是世界上第一座不使用一滴石油、碳排放为零的绿色城市，整个项目预计到2025年完工；英国怀特岛提出2020年实现100%可再生能源自给目标；希腊计划把爱琴海北部小岛圣埃夫斯特拉蒂奥斯岛打造成只使用可再生能源的“绿色”小岛；葡萄牙格拉西奥萨岛计划2014年成为100%可再生资源的自给自足岛；法国Mené规划2030年实现100%可再生能源；沙特阿拉伯麦加计划建成100%太阳能城市；日本福岛提出力争在2040年底前使县内使用100%可再生能源；加勒比荷属博内尔岛计划2015年100%利用可再生能源电力；厄瓜多尔加拉帕戈斯群岛努力走向100%的可再生能源；太平洋岛国图瓦卢计划2020年前完全使用可再生能源；等等。

在2009年全球瞩目的哥本哈根会议上，中国提出“到2020年我国单位国内生产总值二氧化碳排放比2005年下降40%～45%”的减排目标。这一承诺，使得中国各个城市开始跑步奔向低碳时代，现在全国提出“低碳城市”口号的城市已在百个以上。

我国很多城市也争相打造“太阳能城市”“可再生能源建筑应用示范城市”“风能城市”“新能源城市”“新能源汽车示范城市”“低碳城市”等。国家能源局也将新能源城市建设纳入“十二五”可再生能源规划，计划建设100座新能源城市和1000个新能源示范园区，来推动新能源技术在城市中的规模化应用。2011年6月22日，财政部、国家发改委联合发文，选定了北京、深圳、重庆、杭州、长沙、贵阳、吉林、新余作为8个第一批示范城市。

在我国，一些地方也开始100%可再生能源城市、“零碳城市”的实践与探索，如上海崇明“东滩生态城”等。在未来发展中，将有更多的可再生能源资源丰富且偏远的小城镇或孤岛走向100%可再生能源城镇之路。

建设100%可再生能源城市，需要相关规划的引导与支持。要制定更具科学性的发展规划，需要加强对相关理论与方法的研究。

由于100%可再生能源城市建设尚处于探索阶段，国外相关城市主要关注实践，特别是制定具体的规划方案，在理论与方法研究方面相对较薄弱。知名的规划案例是阿联酋马斯达尔城规划方案。

比较具有代表性的研究专著是丹麦奥尔堡大学 Henrik Lund 教授所著的《可再生能源系统：100%可再生能源解决方案的选择与模型》[1]一书。

专门研究100%可再生能源城市规划方法的论文较少，具有代表性的论文主要有Duić[2]、Krajačić[3]、Lund[4]、Marija S.[5]等学者的研究成果。

同时，也有一些关于可再生能源与城市规划方面的研究论文可供参考，如 Han Vandevyvere[6]、Atom Mirakyan[7]等学者的文章。

相对较多的是一些国家的100%可再生能源研究报告，在一些研究报告中，也提出了一些规划100%可再生能源城市的理念与方法，如世界未来理事会研究报告——《100%可再生能源 - 超越 - 城市》[8]。

我国对于100%可再生能源的研究就更为缺乏，主要是介绍国外100%可再生能源建设实践的新闻，在规划方面的研究就更少，只有很少的相关研究及专著的翻译，如余岳峰等人发表在2009年第4期《上海节能》上的《丹麦腓特烈松市能源城100%可再生能源城——未来城市可再生能源之路》一文，以及李月翻译的丹麦 Henrik Lund 博士的专著《可再生能源系统：100%可再生能源解决方案的选择与模型》。关于零碳城市方面的研究也有几篇，如赵继龙、李冬发表在2009年第16期《商场现代化》上的《零碳城市理念及设计策略分析》一文等。

在我国积极开发可再生能源及大力推动新能源城市建设的大背景下，一些有条件的城镇将开始100%可再生能源城市的建设，现有研究显然不能满足理论与实践的需要，系统研究100%可再生能源城市的规划理论与方法，具有较强的理论与现实意义。

二　规划理念与原则

实现100%可再生能源城市面临诸多挑战，相关规划也更为复杂，对科学性的要求也较高。在规划100%可再生能源城市时，需要关注以下基本理念与原则。

1. 100%可再生能源城市规划是相对综合的城市规划，不是专项的能源规划

传统的城市能源规划以满足能源供求关系为基本出发点，以化石能源资源为物质基础，核心内容是电力、热力、燃气等各行业制定的专项规划。

同城市能源规划主要关注城市能源的开发利用不同，100%可再生能源城市规划不仅关注城市能源，更多的是从城市的角度规划如何开发利用可再生能源，落脚点在“城市规划”，涉及能源、交通、土地、环保、经济、社会等多个层面，远比专项的城市能源规划复杂。如通过科学规划城市的空间布局，减少通勤时间，节约能源。反之，一座城市的能源规划再先进，如果城市规划跟不上，也很难实现城市能源规划目标。

2. 100%可再生能源城市规划重点是可再生能源的开发应用

规划100%可再生能源城市，重点是如何在电力、交通、供热与制冷三大领域实现100%应用可再生能源，同时，也关注相关产业规划，以推动经济发展，增加就业岗位。而目前，我国一些城市在制定“新能源城市规划”时，把重点放在产业规划方面，显然违背了“新能源城市是把新能源作为主要能源来源的城市”这一本质内涵。

3. 确定100%可再生能源城市的标准问题

目前所谓的“100%”并不是真正意义上的100%。目前几乎所有提出100%可再生能源目标的国家或城市，都是指在本区域内消耗的能源100%来自可再生能源，但本地所消费的很多产品在生产过程中所消耗的能源并没有被包括在内。在规划100%可再生能源城市时，首先就要确定“100%”的程度与范围，有了明确的标准，才能进一步确定发展目标与路径。

4. 建设100%可再生能源城市需要满足一些基础条件

由于100%可再生能源城市对可再生能源的资源禀赋要求较高，不是所有城市都适合建设。结合国外建设经验，建设100%可再生能源城市一般要具备以下条件：一是可再生能源资源较为丰富；二是小城镇是建设主体，少数具有较好的可再生能源开发基础的大中城市也可以考虑；三是那些地处偏远地带的城镇或海岛更适合。

5. 重视100%可再生能源城市的可持续发展

建设100%可再生能源城市，需要政府的引导与规划，需要公众的大力支持，需要关注社会、经济、技术、环境、政治等要素的可行性（见图1）。

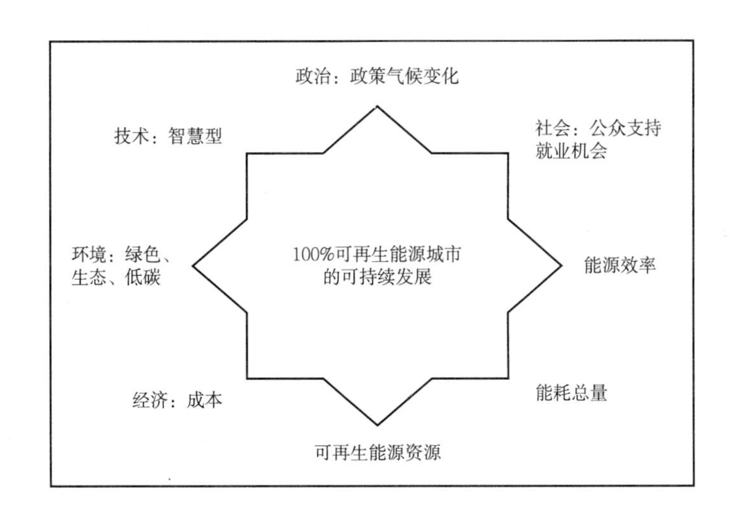

图1　100%可再生能源城市可持续发展要素

资源方面，要根据城市可再生能源资源禀赋的特征，选择符合地方特色的100%可再生能源城市建设模式，通过对资源成本、资源与气候的综合考量，确保能源的持续供给。

环境生态方面，要与绿色生态城市建设相结合，低碳城市、绿色城市、生态城市相互补充，相互支持。

经济方面，要落实可行性，通过成本控制与核算，降低100%可再生能源城市的成本，并重视具体项目的落实。

社会方面，能源系统也是社会系统。能源系统不仅仅是技术基础设施——无论是在工业化国家还是在发展中国家，有力的经济制度和社会关系被石油、煤炭和铀所塑造。由于目前建设100%可再生能源城市的成本相对较高，需要公众承担更多的社会责任，并予以理解与支持。同时，也要通过创造新的就业机会等措施，推动公众的接受。

技术方面，要充分利用资讯科技，加强智慧城市建设。

政治方面，城市政府需要积极制定相关政策来规范、引导100%可再生能源城市的建设。同时，100%可再生能源城市的建设效果，同各城市政府对气候变化的态度有着较密切的关系。

6. 提高能源利用效率与减少能源消费总量

建设100%可再生能源城市，不仅需要充分利用当地的太阳能、风能、生物质能、地热能等可再生能源，保证能源的可持续供给，也需要集约利用能源，并积极降低能源消费总量。要重视能源在城市中的高效循环利用，甚至是城市垃圾中的生物质，都要作为生物质能加以利用，如垃圾焚烧发电、地沟油炼生物柴油等（见图2）。

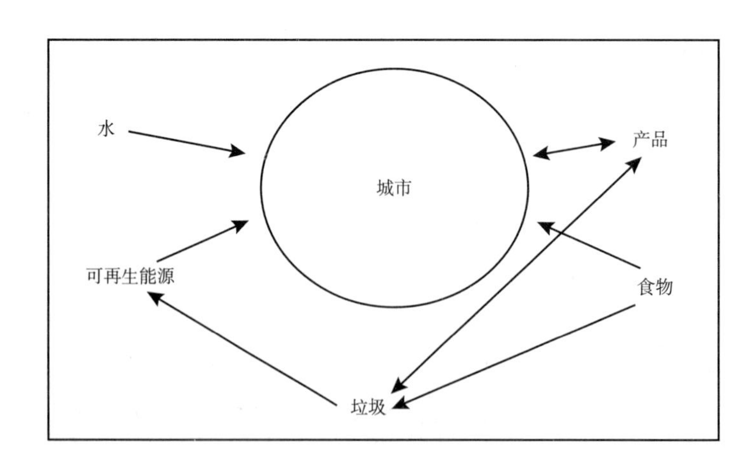

图2　能源在城市中循环利用

资料来源：Dr. Michael Sterner, "100% Renewable Energy Supply for Cities and Nations, Technical Possibilities and Main Bbarriers" [J], *European Union Sustainable Energy Week*, March 2010。

如丹麦森讷堡市“零碳项目”规划了三项重点：首先，通过提高能源效率来增强企业竞争能力和降低居民的能耗支出。其次，加强对可再生能源的综合利用。最后，采用智能动态能源体系使能源消耗与能源生产高效互动，能源价格根据能源供应量浮动，合理控制能源消耗。

7. 重视模型工具的选择与应用

准确的能源供求分析与预测，是规划可持续100%可再生能源城市的基础，这一步骤的实现一般依靠能源模型的支持。

由于现代意义上的新能源与可再生能源开发时间较短，新能源与可再生能源规划中经常采用的模型工具（如3E、MARKAL、MESSAGE、LEAP、EFOM、OREM等模型工具）主要是针对传统化石能源，这些工具及方法应用在新能源与可再生能源开发规划方面，则存在明显不足，特别是对可再生能源的资源可利用性及再生性等禀性重视不够。针对新能源与可再生能源的模型，只有加拿大开发的RETScreen等少数模型工具。[9]

不过，也有一些不太知名的模型工具可用于100%可再生能源城市规划，如丹麦的“Energy Plan”“Climate Plan”“Applied Energy”规划；爱尔兰的第一个100%可再生能源草案，使用了“Energy Plan”模型；日本的“Energy Rich Japan”（ERJ）报告使用了“SimREN”工具；葡萄牙的100%可再生能源电力规划使用了“eH2RES”能源工具。

三　规划的一般方法及重点

100%可再生能源城市规划方法同能源规划及其他类型的城市规划有所区别：传统能源规划是能源规划，侧重于能源本身，而100%可再生能源城市规划属于城市规划，不仅考虑能源，也要考虑城市其他方面的规划，如交通规划要关注自行车道路的规划等；同传统的城市规划比较，100%可再生能源城市规划又比较关注能源的使用。

在规划100%可再生能源城市时，应根据该类城市的特点，关注以下方法及重点。

1. 城市能源战略由“老三步”转向“新三步”

传统的城市能源战略一般采取三步骤实现战略：第一步，减少能源使用量；第二步，使用可再生能源；第三步，持续使用清洁能源和提高化石能源利用效率。

要实现100%可再生能源，需要采取新的三步骤战略：第一步，通过智慧设计，减少能源消费量；第二步，废能源流的再利用；第三步，使用可再生能源，并确保其剩余物的再利用。[10]

2. 规划的一般步骤

由于各个城市有着不同的特点，规划的具体内容存在很大的差别，但在具体的步骤方面，都包括四个步骤，见图3。

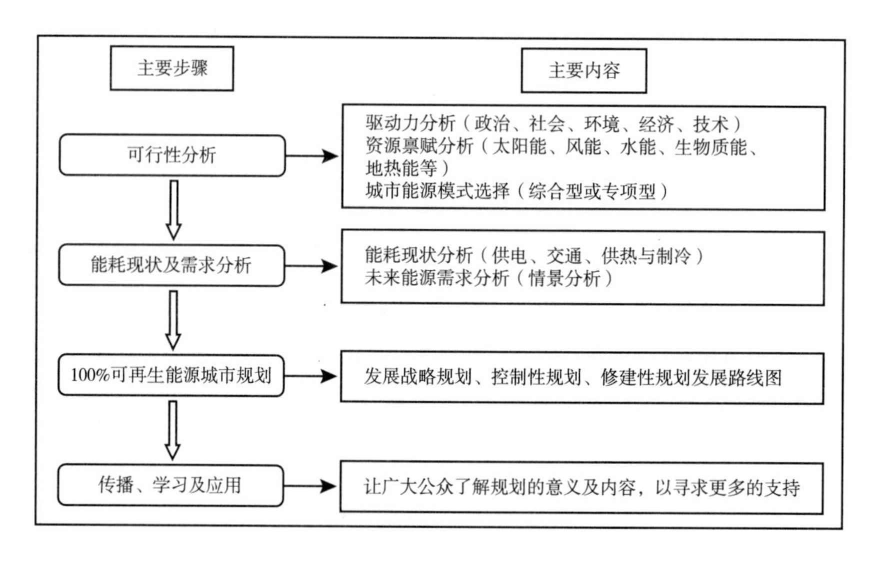

图3　100%可再生能源城市规划的一般步骤

第一步分析中，能源资源量一般包括：来自城市电网、气网和热网的资源量；区域内可获得的可再生能源资源量，如太阳能、风能、地热能和生物质能；区域内可利用的未利用能源，即低品位的排热、废热和温差能，如地铁排热、工业废热、垃圾焚烧和江河湖海的温差能等；由于采取了比节能设计标准更严格的建筑节能措施而减少的能耗；采用区域供热供冷系统时，由于负荷错峰和考虑负荷参差率而减少的能耗。

第二部分析的重点是，在基本摸清资源和负荷之后，则要研究需求侧的资源能够满足多少需求。根据城市特点，要考虑资源的综合利用和协同利用，以最大限度利用需求侧资源。综合利用的基本方式主要包括能源梯级利用、分布式能源、循环利用、废弃物回收等。

第三步主要是基于城市能源的供需分析，以及提高能源利用效率、减少能源需求的要求，进行相应的100%可再生能源城市规划。

例如，丹麦森纳堡市实现“零碳项目”的目标是：到2029年城市能耗与2007年相比降低38%，同时通过开发利用可再生能源实现零碳排放。森纳堡市“零碳项目”的规划路径见图4。从图4可以看出，丹麦森纳堡市实现“零碳项目”的路线图，经过了“能源规划－城市规划－2009路线图”三个阶段，能源规划只是其中的一部分。

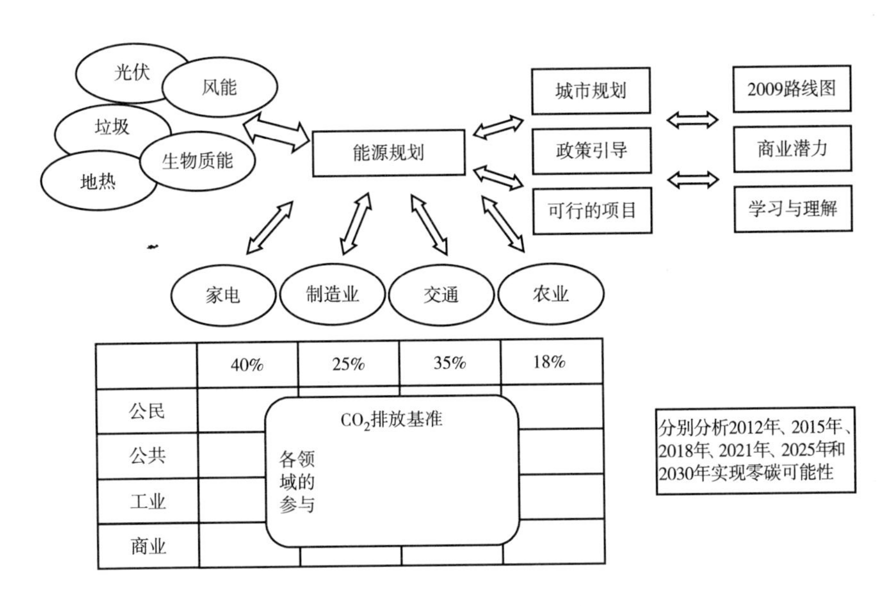

图4　零碳项目总体规划的关键要素和工作组

资料来源：Peter Rathje，“ProjectZero：Planning for a ZERO Carbon City”［J］，See *Week*，Bruxelles March 24th，2010。

3. 制定一个有特色的战略

每个城市都是不同的，每一个城市或社区都要找到自身的路径，构建一个有特色的100%可再生能源战略，适合本地的发展框架，需要关注以下9

个方面[11]：当地气候、本地资源、发展历史、对全球贸易的依赖程度、地区控制权、国家发展和繁荣程度、政府的形式和体制能力、结构和公民参与水平、对能源的控制程度。

4. 设立一个真正的分阶段实施的目标

一个完整的可再生能源目标是建设100%可再生能源城市的重要步骤。在理想的情况下，可再生能源将涵盖所有的电力、热力和交通能源系统。但通常，城市能源目标中，主要存在以下问题：

——目标通常是任意或出于政治目的设定；

——设置低，容易实现具体的实施承诺；

——只涵盖实际能源消耗的一小部分。

例如，在澳大利亚的城市，占总量60%～70%的使用在商品和服务中的能源通常不包括在计算中，但在市政府统计中，直接和交通能源使用通常被“上升”到代表“总”的能源使用。

建设100%可再生能源城市，需要应对传统化石能源在价格、基础设施等方面的挑战，不可能一蹴而就，需要政府针对当地实际情况，制定一个长期规划，然后分步骤完成。例如，2009年，哥本哈根市政府制定了“Copenhagen Climate Plan”，这个计划包括50项措施，分两个阶段实施，第一阶段到2015年完成，目标是到2015年使该市的二氧化碳排放量在2005年的基础上减少20%，第二阶段是到2025年使哥本哈根的二氧化碳排放量降低到零。

5. 重点规划能源应用的三大领域

城市中的每个领域及每项活动几乎都需要能源，尽管用能的部门级行业纷繁复杂，但大体可归纳为电力、交通、供热与制冷三个方面。100%可再生能源城市规划也应重点围绕这三个方面进行。

绿色电力规划。主要涉及两个方面：一是本地可再生能源的开发利用，城市垃圾等生物质发电、太阳能发电、风力发电等；二是购买外地的绿色电力。

100%可再生能源交通规划。主要包括以下几个方面：科学高效的交通规划设计，公共交通带头使用绿色电力及生物柴油，规划要鼓励使用自行车及步行，鼓励企业及私人使用电力或生物柴油等。例如，欧登塞、根特、科普里夫尼察推动交通模式的可持续性，乌得勒支（荷兰）、弗赖堡·布雷达

（荷兰）把火车站变成区域交通枢纽，哥本哈根、伦敦、斯特拉斯堡、巴塞罗那设计适宜步行和骑自行车的街道。

100%可再生能源城市供热与制冷规划。要重视以下几点：建筑节能设计要充分利用太阳能、风能等，利用生物天然气，开发利用地热能，再生能源发电的余热等。如腓特烈港、马尔默、汉堡、海德堡确保新住宅区“100%”可再生。

典型案例如丹麦腓特烈松市计划在电力、供热和交通方面，实现100%使用可再生能源。能源城市腓特烈松的最大特点是，它不依赖单一的技术或特定活动领域，而是发展一个连贯的可再生能源系统。[12]2007年，腓特烈松市确定了到2015年仅依靠可再生能源的宏伟目标，这是欧洲第一个设定这个目标的城市。首创的Energibyen（“能源城”）概念倡议建立包括风能、太阳能（光热和光伏）、水电、潮汐能、地热能和生物质能在内的100%可再生能源系统，不仅发展多种能源，也要给城市带来正面的经济吸引力和发展的机会。

6. 通过城市空间规划节约能源

通过科学的城市空间规划，可以有效地提高能源利用效率。规划需要关注以下几点：第一，设置量化的城市能源消费与减少目标；第二，评估城市规划在实现这一目标中的作用；第三，推动城市规划者与能源规划者明确各自责任；第四，邀请双方提出各自的目标，以及具体的合作方式。[13]

在利用城市规划推动城市能源替代方面做得比较好的城市有德国的慕尼黑与法兰克福、西班牙的巴塞罗那。例如，巴塞罗那的城市生态部门采用了新的规划方法，从地上、地下、空间三个层面着手，通过住房、交通、公共空间、服务、水与垃圾管理等多个领域的规划，实现能源节约的目标。

7. 不同类型的城镇有不同的规划重点

从目前国内外的实践来看，100%可再生能源城市包含多种不同的模式。从碳排放的角度区分，可分为低碳型、零碳型（碳中和型）；按城市实现100%可再生能源的程度来区分，可分为完全型与专项型；按能源供给地区分，可分为能源自给自足型与部分依赖外购型；按城市地理位置特点区分，可分为交通便利型与偏远孤立型；从可再生能源类型的角度来区分，可分为太阳能城市、生物质能城市、风能城市、地热能城市、风能城市等；按城市大小划分，可分为100%使用可再生能源的大中城市、100%使用可再生能源的小城镇，以及100%使用可再生能源的社区等；从规划时间的角度来区分，可分为传统城市能源替代型与全新规划型。

不同类型的100%可再生能源城市有着不同的规划重点。这里以完全型与专项型为例进行说明。

完全型主要是指各方面的能源都来自可再生能源，专项型主要是指城市某一方面的能源全部来自可再生能源。在规划100%可再生能源城市时，一般可采用专项型与完全型两种模式进行规划。专项型与完全型100%可再生能源城市的规划特点及适用城市见表1。

表1　专项型与完全型100%可再生能源城市的规划特点

类型	碳排放	主要能源形式	规划特点	适用城市
专项型（在电力、交通、供热或制冷的某一方面实现100%可再生能源）	低碳或碳中和	化石能源 CCS（碳捕获和封存技术） 100%使用可再生能源电力	此种类型城市依然使用化石能源，只不过在某些方面实现100%可再生能源，如，100%可再生能源电力、100%可再生能源交通、100%可再生能源供热或制冷、100%太阳能城市等 该种模式规划强调专项性及单一性	由于实现相对容易，适用于各种类型的城市，特别对于大中城市来说，这种模式更具可操作性。如，美国第一座向居民提供100%绿色电力的主要城市——辛辛那提市；欧洲第一个100%使用可再生能源电力的城镇——意大利的Varese Ligure
完全型（在电力、交通、供热或制冷等方面都实现100%可再生能源）	碳中和	生物能源 风能、太阳能、沼气、海洋能等其他可再生能源发电	该种类型由于使用生物质能，因此有碳排放，但由于其他可再生能源的使用及植树造林，能实现碳中和。该种模式的规划强调可再生能源开发与碳吸收	由于实现较困难，适用于小型城镇（如位于德国哈尔茨山脉中的小镇Dardesheim），及可再生能源开发基础较好的少数大中城市（如丹麦的哥本哈根）。特别适用于那些偏远的小城镇或孤岛（如西班牙耶罗岛、丹麦萨姆索岛、南太平洋托克劳群岛等）
	无碳（零碳）	100%使用零碳能源：风能、太阳能、沼气、海洋能	通过“零碳交通”“零碳建筑”“零碳能源”“零碳家庭”而最终造就“零碳城市”。当然这里所说的“零碳”也只是一种描述，一种极致的目标。该种模式的规划强调可再生能源的使用	

8. 城市不同区位的规划重点要有所区别

针对城市的不同区位，在规划时也应有所区别[14]。

在城市中心区域，由于人口密度较大，空间狭小，一般为商业及办公场所，应考虑购买绿色电力、区域性热电联产/区域集中供热、太阳能光伏发电、可再生能源汽车等。

在内城区的边缘，由于处于城乡接合部，居住、商业、生产混杂，应考虑分散式的热电联产/区域集中供热、公共太阳能供热、购买绿色电力、太阳能光伏发电等。

在工业区，一般空间较大，生产带来的垃圾较多，应考虑风电、有机废物能源化、生物质能开发、小水电、利用大规模的厂房屋顶进行太阳能光伏发电等。

在郊区，一般居住较分散，空间相对开阔，生物质能资源丰富，城市中带有生物质的垃圾也在此区域处理，应考虑生物质能开发、太阳能分散供热等，还要重视实现规模经济。

在农村，应重点考虑开发生物质能供热与发电、风力发电、太阳能供热等。

9. 多层次的、综合的可再生能源体系

多层次的、综合的可再生能源体系依赖于高效的本地能源管理。在提高能源利用效率及减少能耗的基础上，当地或区域能提供充足的可再生能源供应。

要使城市能源实现较高程度的自治，要关注以下技术工具：

——太阳能发电和热系统安装在屋顶和外墙；

——小型风力发电、热泵和地热系统；

——污水等生物质的使用和甲烷捕获；

——本地可再生能源通过电网和热分销网络的有效应用。

10. 发展100%可再生能源城市经济

可再生能源技术及应用该技术的智能电网、电动汽车等将是下一波技术创新的重要领域，在建设100%可再生能源城市时，也要充分利用这一机遇，在实现低碳的同时，发展经济（可再生能源产业等）、金融（碳交易等），创造新的就业岗位，推动城市的可持续发展。

国外城市在制定相关规划时都重视经济发展，但在国内，往往走向另一个极端，例如，国内一些太阳能城市规划，由于过于重视产业，轻能源利用，“太阳能城市规划”实际上大都成了“太阳能产业规划”。

仅有科学的规划还不够，结果才是最重要的。100%可再生能源城市是通过一个个具体的项目实现的，制定规划时，一定考虑推动项目落地的具体措施。

建设100%可再生能源城市需要较大的资金支持，特别是在建设前期，投资巨大，而100%可再生能源城市模式又适合偏远小城镇及孤立的岛屿，这些地方往往经济相对落后，因此，在规划过程中，要关注投融资机制。

11. 构建智慧型的技术框架

要通过建设智慧电网、智慧交通、智慧楼宇等设施建设智慧型的100%可再生能源城市，并通过积极利用新技术克服可再生能源的不足。

例如，丹麦哥本哈根在制定的零碳排放城市规划中，积极主张研发利用新技术。市政府还鼓励来自全世界各地的绿色技术公司在哥本哈根研发和测试最新清洁能源技术，带动该市成为绿色能源产业聚集地。

12. 不能忽略环境保护问题

可再生能源虽然被叫作清洁能源，但是推进的过程却要以付出自然储备为代价，例如，占用大片土地，破坏当地生态平衡，其中，生物质能并不能减少碳排放，尤其是利用木材的生物质能开发，已经多次超过了可持续的边界。树林的消失并不是唯一的变化，草地和农田种满了可以制造生物汽油的玉米，大片的土地都被环境工程征用，建设太阳能、风能的接收塔等。因此，在规划100%可再生能源城市时，对生态环境问题也要予以高度的重视。

13. 完善政策的规范与引导机制

实现100%可再生能源城市的政策工具主要包括：完善的规则、法规和标准；可操作性强的奖惩办法；相关机构的改革，战略和总体规划的改进；规范企业的发展和管理；引导社区参与行动；建立产业联盟；加强信息沟通和教育；促进能源自主性和生物固碳实践；完善碳足迹消减措施等。

14. 引导公众的参与支持

在可再生能源由于成本高，面临市场失灵的大背景下，建设100%可再生能源城市需要来自公众的大力支持。公众主要通过两种途径参与规划。

一是作为利益相关者，参与规划的过程，这是普遍的一种方式。例如，美国第一个向居民提供100%绿色电力的城市——辛辛那提市，通过城市中符合条件的多领域代表参与的谈判，该市选择第一能源解决方案（FES）作为城市的新的电力供应商，以较低的价格，向消费者提供绿色电力。

二是成为规划内容的一部分。在规划中，充分考虑公众的利益，公众成为项目的参与者与受益者，这种方式更容易把公众同城市密切联系起来。例如，在已经实现100%新能源供给的丹麦萨姆索岛上，超过五分之一的居民拥有风力涡轮机的股份，每股的年收益超过100美元。这是岛民拥有投资积极性的一个重要原因。

15. 构建一个城市碳汇体系

城市开发利用可再生能源的主要目的有两个方面：一是应对化石能源危机；二是减少碳排放，应对气候变化危机。

100%可再生能源不等于零碳，再加上几乎所有号称100%可再生能源的城市都不是真正意义上的100%使用可再生能源，都有相当规模的碳排放，因此，城市在制定100%可再生能源城市规划时，也应构建一个城市碳汇体系，保证区域生态系统获益。虽然开放的空间和水资源管理、林业和农业等都有助于吸收二氧化碳，但只有针对性的碳汇规划，才能做出更大的贡献。

四　面临的主要挑战

在规划100%可再生能源城市时，主要面临以下挑战。

一是在规划模式方面，缺乏可循经验。目前建成的100%可再生能源城镇数量很少，很多经验不具有普遍性，没有可参考的蓝本。每个城市又有着各自的特点，给规划带来很大挑战。

二是规划方法的障碍。我国现有的城市规划体系涉及区域能源的主要是供电、供热和供燃气三个方面，除热电联产统一计划外，其他方面都为各自独立的考虑。100%可再生能源规划需要把这几种规划结合起来，这将面临一些现实障碍。

三是社会接受障碍。由于可再生能源存在成本高、使用不方便等缺点，公众接受意愿不高。如生物燃料汽车、电动汽车的推广都面临这方面的问题。而意识转换需要长期的过程，这将给规划的落实带来较大的压力。

四是100%可再生能源城市规划本身具有较高难度。尽管“100%可再生能源城市”并不能真正实现“100%”，但其规划标准要比一般的新能源与可再生能源城市高得多。需要充分考虑资源、环保、社会、经济、政治等方面的可行性。

五是现有能源体制的制约。实现100%可再生能源城市，需要面对分布式能源、可再生能源上网、绿色电力购买等一系列体制性制约，给规划的具体实践带来很多不确定因素。

六是传统化石能源的竞争。传统的以使用化石能源为主的城市，已经形成完整的基础设施，并具有价格优势。尽管化石能源日益走向枯竭，但仍然会被持续使用很长一段时间。进行能源替代，改变原有能源使用结构，将面临极大压力。

五　结论

一个城市走向100%可再生能源，不仅是完成减排的政治任务，提升社会效益，同时必须要考虑经济效益，进行产业结构调整，同时解决就业问题。实现这些诉求，需要相关规划理论与方法支持。

尽管缺少可以用来参考的成熟模式，但也有一些基本的规律可循。我国城市在制定100%可再生能源城市规划时，要注意三个环节。

一是规划之前，要论证清楚本地是否真的适合建设100%可再生能源城市。在可以预见的几十年内，我国只有极少数可再生能源资源开发基础非常好的城市，以及那些偏远的小城镇及孤立的海岛才适合走100%可再生能源城市之路。

二是在规划过程中，需要注意的是，100%可再生能源城市规划的重点是能源，但又不是城市专项能源规划。是集城市规划、能源规划、交通规划、供热与制冷规划、建筑规划、产业规划于一体的“多规合一”。

三是在规划的落实过程中，政策的支持是关键，民众的支持是基础，资金支持是保障，项目的落地是核心。规划能否最终落地，还取决于规划本身是否可行。

The Study on Planning Concepts and Methods of 100% Renewable Energy City

Lou Wei

Abstract: In recent years, 100% renewable energy city is increasingly becoming a hot spot in international, under the background of China actively promoting new energy city construction, it has strong theoretical and practical significance to explore the corresponding planning theory and method. Unlike the special urban energy planning focus on the urban energy development and utilization, 100% renewable energy urban planning is integrated city planning, includes power, transportation, heating and cooling, land and other planning, involves a broader, requirements are also relatively high. This paper systematically summarized and analyzed the planning concepts and methods of 100% renewable energy city in the international, and gives a number of suggestions for Chinese 100% renewable energy city planning.

Key Words: 100% Renewable Energy City; Urban Planning; New Energy City; Renewable Energy City

参考文献

[1] Henrik Lund, "Renewable Energy Systems: The Choice and Modeling of 100% Renewable Solutions", [M]. Elsevier Inc. September 29, 2009.

[2] Duić, Neven; Krajačić, Goran; Carvalho, Maria Graça, "Renew Islands Methodology for Sustainable Energy and Resource Planning for Islands" [J], *Renewable and Sustainable Energy Reviews*. 12 (2008), 4; 1032 - 1062.

[3] Krajačić, Goran; Duić, Neven; Zmijarević, Zlatko; Vad Mathiesen, Brian; Anić Vučinić, Aleksandra; Carvalho, Maria Da Graça, "Planning for a 100% Independent Energy System Based on Smart Energy Storage for Integration of Renewables and CO_2 Emissions Reduction", [M]. Applied thermal engineering. 31. 2011.

[4] Lund, Henrik, *Renewable Energy Systems-The Choice and Modeling of 100% Renewable Solutions* [M]. Academic Press-Elsevier, London, 2010.

[5] Marija S. Todorović, "BPS, Energy Efficiency and Renewable Energy Sources for Buildings Greening and Zero Energy Cities Planning: Harmony and Ethics of Sustainability" [J], *Energy and Buildings*, Volume 48, May 2012, Pages 180 - 189.

[6] Han Vandevyvere, Sven Stremke, "Urban Planning for a Renewable Energy Future: Methodological Challenges and Opportunities from a Design Perspective" [J], *Sustainability*, 18 June 2012.

[7] Atom Mirakyan, Roland De Guio, "Integrated Energy Planning in Cities and Territories: A Review of Methods and Tools" [J], *Renewable and Sustainable Energy Reviews*, Volume 22, June 2013, Pages 289 - 297.

[8] *World Future Council 100% Renewable Energy—and Beyond—For Cities* [M]. Published by: HafenCity University Hamburg and World Future Council Foundation, Hamburg, Germany. March 2010.

[9] 娄伟：《低碳经济规划：理论·方法·模型》[M]，社会科学文献出版社，2011。

[10] "Towards CO_2 Neutral Urban Planning-presenting the Rotterdam Energy Approach and Planning (REAP)" [C], 45th ISOCARP Congress 2009.

[11] *World Future Council 100% Renewable Energy—and Beyond—For Cities* [M]. Published by: HafenCity University Hamburg and World Future Council Foundation, Hamburg, Germany. March 2010.

[12] "Energy City Frederikshavn" [Z], http://www.energycity.dk/en/energycityfrederikshavn/.

[13] "Urban Planning as a Way of Reducing Energy Use" [Z], http://www.energy-cities.eu/IMG/pdf/5 - 1 _ Make Planning System Drive Territorys Energy Transition.pdf.

[14] *Community Energy: Urban Planning for a Low Carbon Future* [M]. Town and Country Planning Association, 2008.

◇政策实践◇

我国节能减排和低碳发展面临的挑战与对策

◇陈 迎 刘 哲 吴向阳*

【摘 要】 中国在“十一五”计划首次制定和实施单位GDP能耗下降20%的定量节能目标的基础上，“十二五”期间将继续大力推进节能减排和低碳发展。从各地实施情况看，普遍存在认识不到位、措施不配套、政策不完善、资金缺乏、技术不足、能力欠缺等方面的严峻挑战。从中国现实国情出发，同时借鉴国际经验，本文从建立减排目标的长期预期、建立碳市场、优化补贴激励制度、培育碳金融体系、推进合同能源管理和建立可再生能源配额制度等方面提出促进节能减排和低碳发展的一些政策建议。

【关键词】 “十二五”计划 节能减排 低碳发展

一 我国“十二五”节能减排目标完成情况

中国“十一五”计划基本完成了单位GDP能耗下降20%的节能目标，在此基础上，2005年确定的“十二五”期间节能低碳的约束性指标更具挑战性，即2015年单位GDP能耗降低16%，单位GDP二氧化碳排放量降低

---

* 陈迎，博士，中国社会科学院可持续发展研究中心副主任，研究员，研究方向为全球环境治理，能源与气候变化政策；刘哲，博士，中国环境保护部政策研究中心副研究员，研究方向为环境与气候变化政策；吴向阳，博士，中国社会科学院城环所博士后，北京社会科学院副研究员，研究方向为经济学、气候变化政策。

17%[1]。为了推进节能减排和低碳发展，2011年8月国务院制定了《“十二五”节能减排综合性工作方案》，2012年8月又印发了《节能减排“十二五”规划》，对全面推进“十二五”期间的节能减排工作做出了详细的部署，出台了一系列政策措施。例如，2010年和2012年先后两批启动国家低碳省区和低碳城市试点[2]，在7省市推进碳排放权交易试点工作等。从实际执行情况看，2011年单位GDP能耗仅下降2.01%，2012年情况虽有所好转，单位GDP能耗下降3.6%，但从2013年7月公布的2013年1～5月份各地节能减排目标完成情况晴雨表看，部分省区亮起了“黄灯”和“红灯”，节能形势相当严峻[3]。相比“十一五”，各地普遍感到完成“十二五”节能低碳目标的压力更大，面临的障碍和困难也更多。

“十二五”节能减排成效不尽如人意，有客观原因，也有主观原因。首先，从客观原因看，主要是中国总体上仍处于工业化、城市化加速发展的特殊阶段，减少贫困和发展经济的任务繁重。大规模基础设施对能源密集型产品的需求旺盛，经济结构调整空间有限，转变经济增长方式难度较大，加之能源结构以煤炭为主难以根本改变，造成随着经济增长能源消费和排放增长过快。特别是在中西部地区，经济快速发展与节能减排之间的矛盾尤为突出。其次，“十一五”期间许多低成本节能机会已经挖掘，进一步深化节能必然成本升高，难度增大。“十一五”期间重点高耗能行业大力淘汰落后产能，部分高耗能行业的整体技术工艺装备已经处于较高水平，技术节能空间收窄。以工信部下达的炼铁、炼钢、电解铝淘汰落后产能目标任务为例，2011年分别为2653万吨、2627万吨和60万吨，2012年减少到1000万吨、780万吨和27万吨，2013年计划淘汰炼铁落后产能进一步减少到263万吨，而炼钢和电解铝与2012年目标持平[4]。

除此之外，对节能减排和低碳发展主观认识不到位、措施不配套、政策不完善、资金缺乏、技术不足、能力欠缺等问题是更深层次的原因。本文试图就这些深层次的问题进行一些剖析，在借鉴国际经验的基础上，提出中国进一步推进节能减排和低碳发展的对策建议。

本文试图分析中国在推进节能减排和低碳发展方面面临的困难和挑战，概述英国气候政策的一些新进展，找出可供借鉴的经验。

二　我国节能减排和低碳发展存在的问题剖析

（一）认识障碍

1. 地方政府认识不到减排的重要性，过分追求经济增长

气候变化是全球性问题，一些地方官员认为某个地区减少或增加碳排放对全球影响甚微，花大成本减排是得不偿失的；还有些官员对气候变化的科学性表示怀疑，对节能减排工作的重要性还缺少深入的理解，对低碳经济发展的内涵与发展途径，以及对节能和提高能效在调整优化经济结构、转变经济增长方式、应对气候变化及促进低碳发展方面的重要性认识不足。在这种思想的指导下，片面追求GDP以彰显所谓的“政绩”就成为一些地方政府的工作重心。热衷于上项目、铺摊子，降低单位GDP能耗的功夫，不是下在分子上，而是下在分母上，自觉或不自觉地将节能减排和经济发展对立起来。对完成“十二五”节能目标缺乏整体的考虑和部署，前松后紧，不断将任务往后积累，到最后只能采取强制性行政手段拉闸限电。真正能把低碳经济作为新的机遇，努力寻找新的经济增长点的地方政府还不多见。

2. 企业的低碳意识有待加强

目前，节能减排和低碳发展还没有成为绝大多数企业的自觉行动，“资源意识”“节约意识”还有待进一步提高，企业主体自觉节能的长效机制没有真正形成。过去人们往往认为，企业尤其是国有企业理所当然地应该承担更多节能减排的社会责任。但是，理论和实践都证明，依靠企业自觉承担社会责任来实现节能减排是靠不住的。事实上，节能减排和低碳发展对企业而言，往往意味着设备和技术的改造、投入的增加、管理环节的增加，即使节能减排项目具有很强的社会效益和一定的长期效益，但在开发初期投资大，即期经济效益不确定，投资存在一定风险。因而企业没有节能减排的内在动力。因此，加强低碳推广与宣传及资金和技术上的引导、激励，对碳定价，促进企业提高社会责任意识，以提高企业的低碳和节能意识对当前的中国非常必要。

3. 公众对节能减排的认识不深入

节能减排需要政府、企业和社会公众的共同参与，家庭、社区作为社会的基础和基层组织形态，也是推动社会节能减排的重要依靠力量，其认知水平、参与程度等对节能减排的效果有重要影响。总体而言，我国的家庭和社区对节能减排的认识还不太深刻，减排行动还需要大大加强。根据《中国青年报》的一份调查[5]，有84%的被访者认为汽车尾气是城市空气的主要污染源，但是在问及“如果有足够积蓄，你会购买汽车吗”，只有15%的被访者明确表示不会，表示“肯定会”的比例为27%，而表示“有可能会”的人达到49%。后两者合计的比例约占2/3。上述事实也印证了普通市民对节能减排认识的提高并不能有效转化为实际行动，或者说普遍存在希望别人更多保护环境而自己更多享受生活的价值观。事实上，调查还显示，多数（78%）公众认为治理环境首先是政府、企业与商家的责任，并没有把自己作为同等重要的责任主体。

（二）立法不完备

节能减排和低碳发展需要建立综合的长效机制，而良好的法制环境无疑是该机制建立和运行的保障。2007年10月28日中国颁布《节约能源法》（修订），节能减排的立法工作逐步完善。在内容上，设立了节能目标责任评价考核制度、固定资产投资项目节能评估和审查制度等制度，明确规定了国家将制定强制性用能产品（设备）能效标准、建筑节能标准等；在责任上，设定19项违反《节约能源法》行为的法律责任，加大了对各种违法行为的处罚范围与力度。但是，我国节能减排和低碳发展相关立法仍不健全，现行的各种法律、法规还不足以满足新的要求，节能减排执法障碍重重，监督责任机制难担重任。

1. 宏观的能源法体系存在结构性和协调性缺陷

我国目前尚没有一个全面体现能源战略、总体调整能源关系和活动的能源基本法，导致我国重大的能源发展战略和中长期规划没有确立相应的法律地位，能源领域的宏观调控和能源结构调整也缺少法律依据。低碳经济立法虽已引起学术界的关注，但尚未提上人大的议事日程。宏观能源法律体系的结构性和协调性缺陷、低碳经济立法的滞后，加之各个管理机构之间权责不清、部门分割异化等问题，加大了节能减排和低碳发展政策的实施难度。

2. 节能减排立法存在法律空白，过于宽泛不利于实施

能源涉及社会经济生活的方方面面，现有能源立法主要调整的是能源开发和利用，对能源产品的销售、服务以及能源公用事业的关注不够，比如《电力法》《煤炭法》中不适应绿色低碳经济发展的客观需要的内容亟待修订。同时，现有能源法律普遍存在比较宽泛、不具操作性的问题，需大量法规和规章配套才能实施。例如，继《节约能源法》修订之后，国务院连续颁布了《民用建筑节能条例》《公共机构节能条例》等作为配套法规，但交通运输节能和重点用能单位节能条例尚未出台，配套法规不健全影响法律的实施。

（三）政策不完善

1. 政策目标制定和分解缺乏充分的科学依据

我国节能减排目标的制定和分解采用的是"自上而下"的模式，虽有简单易行的优点，但随意性较强，难以充分反映区域性差异。"十一五"计划确定全国节能目标为20%，大约20个省区市都接受了20%的节能任务，显然有失公平。"十二五"计划期间，这一问题得到一定程度的改善，各地区根据发展水平被分为5个组，相对发达的地区目标高一点（17%或18%），大部分地区与国家目标持平（16%），五个西部省区为15%，三个最不发达西部省区加海南省为10%。实际上，节能减排目标的制定和分解是一个非常复杂的问题，涉及产业结构、产业布局、经济规模、人口数量、经济发展阶段、自然资源禀赋等多种因素。在缺乏灵活调节机制的情况下，目标分解直接关系到地方利益和未来发展空间。目前"自上而下"的目标制定和分解模式，需要更多倾听地方和企业的呼声，不仅考虑现实的发展水平，也要考虑未来的发展需求和国际、国内产业转移等因素的影响，增强灵活性，提高科学决策水平。

2. 政策工具过于依赖行政手段

政府一直是推动节能减排最主要的力量，无论是中央政府，还是地方政府都对行政手段驾轻就熟。最常用的行政手段包括财政资金投入、立法及依法进行微观规制。财政投入主要是针对见效周期长、社会效益高的节能减排项目，通过直接财政资助、鼓励性贷款等方式注入资金，并由政府直接管理[6]；政府立法及依法规制就是用政府的公权力强制干预（直接或间接）企业节能减排行为，通过强制手段增加高能耗和高污染的成本，或者以法律禁止、不予审批、强制关停等行政手段达到目的。“十一五”期间，我国累计“上大压小”关停小火电机组7682.5万千瓦，淘汰落后炼铁产能12000万吨、炼钢产能7200万吨、水泥产能3.7亿吨等，在造纸、化工、纺织、印染等行业也关闭了很多重污染企业[7]。不可否认，政府作为节能减排的社会主体具有权威性和较强的行动能力，政府的直接规制和行政干预手段对节能减排能起到立竿见影的作用。但是政府的行政手段具有不可避免的弊端。首先，行政手段具有不可持续性。政府对节能减排项目投入资金后，政府并不具备实施企业化经营和管理的能力，因而在成本控制、质量控制和成果推广等方面都不及企业效率高。其次，在节能减排目标实施过程中，政府的行政命令往往容易“一刀切”，前松后紧、临时突击、治标不治本。“十一五”最后两年为完成节能减排任务多地采取拉闸限电、干预企业正常生产等极端措施，甚至影响到居民正常生活，造成了恶劣的社会影响[8]。再次，行政命令可能带来市场扭曲，错配资源要素，使减排成本低的企业不能尽最大限度减排，使减排成本高的企业付出更高的边际成本。例如，简单地关停企业，往往带来下岗职工难以安置、企业资产和债务清理困难、国家财政负担过大等问题。

3. 政策缺乏长期稳定的激励作用和可预期性

国家为促进节能减排出台了大量政策措施，但政策多变、朝令夕改的情况也时有发生，特别是在节能减排技术研发方面，对优惠期和优惠幅度没有明确的规定。比如对风能发电的鼓励政策很快由于风电“一窝蜂”上马而转为限制政策，最早投资风电的企业就会面临亏损。企业对未来政策预期不确定，就难以做出企业中长期的战略规划，不能给企业明确的政策预期，企业就没有决心进行低碳投资。

4. 针对社区居民的节能减排政策不完善

无论是行政手段，还是财税激励手段，现有政策都主要针对地方政府和企业，针对社区居民的节能减排激励政策还比较少。中国是人口大国，随着收入的提高居民用能正在不断增加。2010 年北京市生活能耗占能源消费的比重为 18.44%。有学者估算，如果在直接用能之外，加上间接用能，即家庭消费产品和服务的内涵能源间接用能，居民生活能耗大约占社会总能耗的 60%[9]。生活用能中，交通、采暖制冷、家电等占较大比例，也是节能减排的重点领域。根据科技部组织专家编写的《全民节能减排实用手册》的估算结果，如果全民能按手册要求做到 36 项日常生活行为，年节能总量可达 7700 万吨标准煤，相应减少碳排放约 2 亿吨，还可减少大量的 SO_2 和 COD 排放，经济、社会和环境效益十分显著[10]。然而目前，针对社区居民的多是宣传教育节能减排，没有相应可操作的奖惩机制，效果有限。2012 年 7 月 1 日，发改委推出居民阶梯电价指导意见，把居民每个月的用电分成三档，第一档是基本用电，按照覆盖 80% 居民的用电量来确定，电价保持稳定，不作调整；第二档是正常用电，按照覆盖 95% 的居民家庭用电量来确定，电价提价幅度不低于每度 5 分钱；第三档是高质量用电，电价要提高 3 毛钱。另外还增加的一个免费档，对城乡低保户和五保户各个地方根据情况设置 10～15 度免费电量。各地根据该指导意见纷纷制定了本地区的阶梯电价方案[11]，这是将价格机制作为经济杠杆促进社区居民节能减排的重要举措，下一步发改委还计划对自来水、天然气也实施阶梯价格。

（四）资金障碍

低碳发展和节能减排需要资金支持。“十一五”期间，我国节能减排取得了较好成效，政府投资约 2000 亿元，巨大的资金投入是直接的推动力。“十二五”期间节能减排资金需求高达 5 万亿～6 万亿元，如何有效融资至关重要。

1. 从资金供给方看，节能减排资金来源渠道单一

目前，节能减排资金来源除政府渠道外，主要依靠企业自有资金和银行贷款，其他资金来源少。以钢铁行业为例，“十一五”期间节能减排投资

60% 都来源于此，长此以往将难以为继。全国大中型钢铁企业的平均资产负债率为 66%，比国外钢铁公司高出约 10%；平均流动比例为 87%，而国外钢铁企业在 150% 左右。较高的资产负债率和过低的流动比例，意味着企业的流动资金缺乏，同时金融机构的贷款意愿低，依靠企业自有资金和银行贷款都难以支持大规模节能减排项目。事实上，正常的融资渠道应该更多样，除向国内金融机构贷款外，还可以从资本市场直接融资，向外国银行或国际金融机构贷款，还有债券担保、信用担保、融资租赁、合同能源管理信贷、风险投资等。融资渠道单一，一方面是因为我国资本市场发育不良，另一方面是因为节能减排的投资效益具有较大不确定性。

2. 从资金的需求方看，节能减排项目融资困难

尽管 90% 以上的能效项目都需要通过金融机构进行融资，但节能减排项目往往融资困难，其根源还在于节能减排项目并非企业的主业，项目投资规模不大，通常不形成可变现的可用于抵押的优质资产，银行等金融机构对节能减排项目评估能力欠缺，造成融资成本相对较高。碳金融、绿色信贷在我国尚未起步，现行的节能减排鼓励政策大都是针对高耗能的大企业，缺乏对金融系统的激励[12]。对于广大中小企业而言，节能减排融资困难尤其明显。一方面财政资金多流向有规模的大型国有企业和央企，比如，进入国家发改委千家企业节能行动项目的都是高耗能的大企业，中小企业难以进入；另一方面，中小企业的平均生命周期较短，按市场化运作的银行即使安排节能减排项目贷款，为规避风险一般也不愿意把资金借贷给中小企业。

（五）技术障碍

1. 节能减排技术信息服务缺乏

企业节能减排需要选择满足自身需求的节能减排适用技术，然而目前技术市场的信息不对称和技术服务不到位，从事能源审计和节能咨询服务的专业人员和机构严重不足。在各种节能产品的节能效果、技术适用性等方面，企业很难获得专业和权威的信息及相应技术服务。我国节能咨询服务还没有形成产业和规范化运作的原因，一方面是咨询服务机构往往成立时间较短，人员配置较少，能力还不到位；另一方面，是政府对咨询服务机构的扶持不够，企业对咨询机构的服务不够重视，宁愿投资买设备，也不愿花钱买服务。

2. 低碳技术研发和推广力度不足

我国的节能减排技术的研发和推广还处于较低水平，有许多亟待改进的地方。首先，对节能减排技术的基础性研究、应用研究不够，普遍缺乏核心技术。其次，产品和工艺技术研发落后，相关机制还不完善。再次，节能减排新技术和新产品价格偏高，造成消费市场疲软，没有形成从研发到推广再到研发的良性循环。最后，节能减排技术研发和推广服务体系还不完善。这些都造成企业节能减排面临技术障碍。

（六）能力障碍

1. 人员和机构能力建设有待加强

“十一五”计划把节能减排工作提升到新的高度，几乎各省市都成立了节能减排工作领导小组，涉及发改委、企业局、能源局、经济与信息委、节能办、农村能源办等多部门。部分企业也建立了负责节能减排的机构。但在组建新机构的同时，人员和机构的能力建设需求凸显。应对气候变化在地方政府和企业管理中仍是一个新的领域，一些基层的管理者对低碳的概念、特点等理解不透彻，不少管理人员对诸如节能评估、碳交易、排放清单这些新名词更不清楚，部门之间的协调配合机制也不完善，新机构在节能减排和低碳发展领域的管理能力和政策执行力方面有待加强。

2. 能源统计和碳排放核查能力薄弱

能源统计与监测、温室气体统计和核算是节能减排最基础的工作，是科学决策的依据。但目前，我国能源统计和碳排放核查力量还很薄弱。能源统计只涉及能源生产和消费领域，对能源流通的统计不足；对县级及以下，以及非规模以上工业企业都没有进行有效的能源统计；对量大面广的第三产业的能耗统计也存在不少缺陷。碳排放清单需要在能源统计数据的基础上进行核算，不同能源品种、不同利用方式的排放因子不同，许多基础统计数据残缺，降低了碳排放数据的可靠性。此外，在缺乏企业温室气体排放数据的统计、报告、披露、核查等制度的情况下，碳排放交易等政策工具难以实施，公众对企业不能形成有效的社会监督，这些都难以适应新形势下节能减排和低碳发展的需要。

三　我国促进节能减排和低碳发展的对策建议

在剖析我国节能减排和低碳发展存在问题的基础上，寻求我国应对之策也需要借鉴国际经验。笔者通过对英国气候政策的研究和考察发现，英国不仅在全球倡导低碳经济，也的确制定和实施了很多切实可行的政策。例如，英国政府2011年5月17日公布了第四份“碳预算”方案，规定在1990年温室气体排放水平的基础上，2025年减排50%，2030年减排60%，2050年争取减排80%的排放路径，成为世界上第一个就2020年之后减排目标作出法律规定的国家。为此，英国制定了许多相关政策，其中市场机制政策工具居多，行政和法律强制性措施较少。英国气候政策能取得成效，与英国完善成熟的市场经济体制、完善的法律体系、较高的技术水平、较高的企业和公民素质、后工业化的发展阶段等因素有密不可分的关系。而中国正处于工业化和城镇化阶段，能源密集、技术密集、资金密集型的基础设施及现代工业正在蓬勃发展，碳排放的空间需求存在一定的刚性。市场经济体制、法律体系还不完善，节能减排面临观念、政策、技术、资金等诸多障碍。促进节能减排和低碳发展应从以下几个方面着手，走出一条符合中国国情的低碳发展之路。

（一）建立公众对减排目标的长期预期

节能减排目标是发达国家制定和实施气候政策的重要指标。英国通过立法制定了一个清晰而连贯的中长期减排目标。到2020年，将CO_2排放量在1990年的基础上削减26%～32%，2050年至少减排60%，考虑提高到80%，实现低碳经济。这一长期目标有利于社会各方形成一个理性预期，低碳经济是全球和国家经济发展的大趋势、大方向，减排温室气体是未来必须完成的任务。

目前，我国节能减排目标每5年制定一次，2020年40%～45%的减排目标具有一定的弹性，2050年的长期目标还不清晰。关于中国何时出现温室气体排放峰值，仍是一个备受国内外关注且充满争议的话题。尽管在现阶段，我国未来的减排目标具有一定的敏感性和不可预知性，但至少要给全社会一个明确的中长期预期：温室气体减排要求越来越严，早减排早收获。即使不在国际社会上承诺某种目标，也可以考虑在节能减排的中长期规划中制定一个较为明确的目标。明确的目标有利于企业及早采取减排决策和行动，也有利于可再生能源和清洁能源投资、融资和布局。

（二）尽快建立碳市场，让市场机制发现碳价格

目前节能减排工作中存在的一个突出问题是政府参与过深、责任过重，而市场作用发挥则相对不足。未来必须要将政府从一手包办的状态中解脱出来，如何发挥市场机制在节能减排中的作用应当成为“十二五”时期相关政策设计所必须考虑的核心内容，并成为进一步规范政府市场关系、推进我国市场经济体制改革的重要抓手。节能减排不仅是一个设定节能目标并通过各种政策手段来达到目标的过程，本质上更应是一个重新调动、优化配置各种资源的过程。企业往往把节能减排当作政治任务，而忽略了碳排放权作为一种稀缺资源，应被纳入成本收益核算，进行有效的碳资产管理。

要避免节能减排成为我国经济未来运行的“不可承受之重”，就要考虑引入市场机制，为碳定价，让市场机制去重新配置资源。让市场“看不见的手”代替政府这只“看得见的手”，调节社会资金和技术流向更有节能潜力和更有减排效益的地区、行业或企业。建立碳市场是为碳定价的重要机制，可以成为破解当前我国节能减排众多难题的突破口，也是节能减排和低碳发展的重要抓手。例如，采用行政命令进行节能减碳目标的分配，难以解决东部发达地区与西部欠发达地区之间的矛盾。东部发达地区认为，自身的能耗强度已经较低，节能减排的空间并不大，再进一步大幅削减其能耗指标，成本过高、难度太大；而经济相对落后的西部地区生产效率低，能耗指标高，减排空间大，机会成本小，应该承担更高的减排指标。而欠发达的西部地区则认为，自身的经济发展水平还很低，理应享有发展的权利和空间，应当让经济发展程度更高的地区承担更多的减排责任。破解这个博弈难题的出路就在于市场机制的调节，东部发达地区出资帮助西部欠发达地区减排，实现两者的双赢。

（三）优化节能减排的补贴激励制度

在现有财力和财政支出存量结构刚性较强的状况下，我国节能减排政府补贴激励机制的设计应按照“目标明确、公平公正、整合资金、突出重点、完善机制”的思路稳步推进。

1. 对生产环节的补贴激励

改变对节能减排项目、企业的直接补贴方法，可把部分补贴资金用于对碳价格的支持，形成对所有完成减排任务的企业的补贴，相比直接补贴少数企业更公平合理。

对非参与碳交易的企业，实行“以奖代补”，减少事前补贴。并在此基础上尽可能变只有补偿作用的固定补贴为具有激励作用的变动补贴。这种补贴机制，通过降低节能减排行为的成本从而鼓励该行为的发生，转变到基于性能和效果的奖励，可减少政府在成本信息方面的不对称性。补贴方式的转变，要求加强对节能减排工作的审计和评估，通过考察项目的实际节能减排效果，并与项目支出的预期目标比较，达到既定目标便可以享受补贴带来的资金支持，逐步扩大“以奖代补”的适用范围。

政府补贴应偏重于从事节能减排相关技术和产品的科研或服务机构。从某种程度讲，技术进步可以说是一条解决节能减排积极性不足问题的最根本之路，这一政策可以刺激企业或者科研机构积极进行科研活动，降低研发的不确定性，从而提高企业的保留效用。因此在设计政府补贴激励政策时，尤其是对补贴资源进行配置时，应该优先加强对与节能减排相关的科技研发的支持力度，并采取事前补贴和直接补贴，创造条件尽可能扩大“合同能源管理”的适用范围，通过政府支持的市场机制将研发的成果转化为实实在在的经济利益，达到事半功倍的效用。此外，政府还应该把补贴资金用于第三方机构的建设、监测和计量能力建设。把补贴资金用于建立节能服务基金，通过市场化运作，提高财政资金的使用效率。

除补贴之外，政府还可以对积极参与节能减排工作的相关行为主体给予税收方面的优惠补贴，降低相关行为主体积极参与节能减排工作的成本，进而可以降低其生产经营的成本。一项良好的税收优惠政策不仅要“助强”，更要“扶弱”，同时还应避免出现“鞭打快牛”的棘轮效应，因此在我国目前实现节能减排任务目标压力巨大的情况下，应该尽量从流转税等具有普惠性质的税收方面设计优惠政策。或者对参与碳交易的行业或企业给予一定幅度的营业税优惠，以保持税收中性，不因减排而增加企业负担。另外针对企业节能减排投资项目所需的专业设备实行特别租税制度。此外，减免进口关税、加速折旧以及税前还贷等，也可提高企业固定资产的折旧比率，加快其设备的更新速度，以鼓励参与节能减排工作的相关行为主体先行收回投资，减少投资风险。

2. 对消费环节的补贴激励

虽然我国政府对节能减排的投资、技术改造以及相关产品的生产供给等给予了越来越高的重视，但普通民众和相关企业对节能减排相关产品的使用意识还很薄弱，对清洁节能产品的消费意愿并不强烈，在市场机制中并没有形成有效的需求。因此，政府在补贴激励政策的设计中应考虑给予消费者（顾客）一定的购买刺激，引导“绿色消费”，以扩大清洁节能产品的需求市场，这实际上就是降低了对同类非清洁节能产品的需求，从而相对降低了参与清洁节能产品生产的企业的保留效用，并反过来带动生产的扩大，从而达到降低成本的目的。

政府应该努力提高公众对节能减排相关产品的消费意识，认识该类产品的公益性以及带来的外部效益。政府在刺激需求的补贴激励政策的设计中应加强对清洁节能产品的宣传与普及工作，使得顾客在同等价格甚至略高于市场同类产品价格的条件下，愿意选择购买清洁节能产品。在设计补贴对象时，应适当向消费者倾斜。给予购买清洁节能产品的消费者一定的补贴，以减少清洁节能产品与同类非清洁节能产品的价差，以有效刺激公众的需求。同时，由于生产者与消费者在数量方面的巨大差距，政府在设计补贴激励机制时必须注意实施的成本问题，尽量减少层级，简化手续，以降低政策实施的成本。在设计节能减排补贴激励政策时，给予购买清洁节能产品的消费者一定的优惠政策，如税费减免、以旧换新等，这些激励措施同样能刺激公众的消费需求。当然，在设计时也必须同样估计实施成本的问题，简化相关程序，以方便消费者为原则。此外，政府还可以通过绿色政府采购，给予节能减排相关产品一定的市场，“绿化”政府的消费行为。通过政府对清洁节能产品的绿色购买行为和优先采购具有绿色标志的消费行为，影响事业单位、企业和社会公众的消费方式及企业的生产方式。同时，政府在设计绿色采购的激励政策时，应注意公平原则，对大小供货商一视同仁；在采购过程中重视公开竞争原则，以引导和培育相关企业的发展。

3. 奖惩结合

激励政策的设计都是正向的，即鼓励性的政策设计，但是鼓励性的政策往往具有滞后性，先有政策执行，然后才有执行结果。补贴对于相关行为主体是一种没有惩罚性的既得利益，因其积极参与节能减排而得到补贴是额外收益，但如果不积极参与节能减排也不会有所损失，那么政策往往达不到预期效果。一项理想的政策应该兼具奖惩功能。如果政府全靠正向措施来推动节能减排的开展，则国家投入太大，而反向措施由于具有惩罚性功能，往往可以收到事半功倍的效果。负向激励对节能减排的开展具有重要的威慑意义，因此，应建立一套有效的制衡机制，当企业接受了政府补贴激励后，若未实现其承诺的目标，政府应对其采取具有惩罚性的措施，即奖惩结合。此外，政府必须首先做好在环境产品标准制定、能效标识、认证、推广等方面的基础性工作，调动社会各方面力量支持节能减排事业发展，这是政府补贴激励政策有效发挥作用的前提。

（四）发展“绿色信贷”，培育碳金融市场

1. 绿色信贷

绿色信贷（Green Credit）源于国际上公认的赤道原则（Equator Principles，EPs），是指商业银行和政策性银行等金融机构在提供项目信贷资金时，依据不同项目的环境风险，实行差别利率待遇，或者禁止发放贷款，从而引导信贷资金流入环境友好型及资源节约型的项目，并从对环境不利的项目中适当退出，实现资金的“绿色配置”，促进经济社会环境的可持续发展。环保总局、人民银行、银监会三部门于2007年7月30日联合提出《关于落实环境保护政策法规防范信贷风险的意见》，标志着中国绿色信贷政策的正式实施。文件规定，一是对不符合产业政策和环境违法

的企业和项目进行信贷控制，各商业银行要将企业环保守法情况作为审批贷款的必备条件之一。二是金融机构要依据环保通报情况，严格贷款审批、发放和监督管理，对未通过环评审批或环保设施验收的新建项目，不得新增任何形式的授信支持。为了促进低碳经济发展，应该把有利于减少温室气体排放的项目也纳入绿色信贷支持的范畴，减少或禁止对高耗能、高污染企业提供贷款。

当前绿色信贷存在一些问题：①政策缺乏法律强制力。绿色信贷标准不具体，操作性不强。绿色信贷的标准多为综合性、原则性的，缺少具体的绿色信贷指导目录、环境风险评级标准等。②责任机制与激励机制不完善。没有对违规商业银行的具体惩罚措施等，责任机制不完善，缺乏执行力，也缺乏对资源节约型、环境友好型的项目和企业以及支持环保的金融机构的激励性措施。③信息沟通共享机制也不健全，环境污染信息尚未全面完整纳入银行征信系统。④金融机构面临着社会责任与利润最大化之间的冲突。为此，必须制定绿色信贷法律制度，完善责任机制和激励机制。借鉴英国等发达国家的经验，制定促进绿色金融发展的法律法规，将绿色信贷政策法律化，增强绿色信贷的法律强制执行力。制定科学的、可操作性强的绿色信贷标准体系，加强环境信息的充分性、及时性和有效性，建立有效的环境信息收集、披露和共享机制。强化金融机构的社会责任意识。绿色信贷在世界范围内已逐渐成为一个趋势，很多大型的跨国银行明确实行“赤道原则”，在贷款和项目运作中强调企业的环境和社会责任，并注重行业自律。

2. 培育碳金融市场

碳金融基于碳交易市场而产生，是指服务于控制温室气体排放的各种金融制度安排和金融交易活动。其业务领域比绿色信贷要宽。碳金融市场业务包括直接投融资、碳交易市场业务与银行信贷业务。其中，碳交易市场业务又分为碳指标交易、碳交易中介服务、碳金融衍生品交易。目前，我国碳金融市场还很不成熟——除了银行信贷业务方面发展较快之外，低碳导向的直接融资体系与碳交易市场均处于低级发展阶段，需要培育健全碳金融市场。

一是要继续提高银行绿色信贷的支持力度，提高绿色信贷及其他创新服务在节能减排领域的数量和质量。二是要鼓励直接投融资业务。应鼓励多种金融机构积极参与碳金融市场的直接投融资业务，包括：鼓励碳基金和碳金融债券的发行；鼓励主板上市公司利用并购重组实现传统产业改造和产能转换，优先安排新能源、生态农业等新兴行业在中小板与创业板的上市融资；鼓励风险投资，拓宽低碳经济融资渠道；鼓励开发碳交易保险，为碳交易活动转移项目风险，提供经济保障；等等。三是开展碳交易试点，争取在 2015 年实现全国统一的碳交易市场。学习借鉴英国和欧盟等国际先进经验，建设碳交易体系，培育参与碳金融的咨询、评估、会计、法律等中介机构，积极推进金融中介业务创新，如项目推荐、项目开发、信用咨询、交易和全程管理等一站式的碳金融中介服务。商业银行还可以发行结构型碳金融理财产品、基金化碳金融理财产品和信托类金融理财产品，为低碳企业提供融资支持。

（五）推进合同能源管理

合同能源管理（Energy Management Contracting，EMC）是以减少的能源费用来支付节能项目成本的一种市场化运作的节能机制，是发达国家在 20 世纪 70 年代发展起来的一项节能手段。节能服务公司与用户签订能源管理合同，约定节能目标，为用户提供能源审计、项目设计、项目融资、设备采购、工程施工、设备安装调试、人员培训、节能量确认和保证等一整套的节能服务，并以节能效益分享方式回收投资和获得合理利润，可以显著降低用能单位节能改造的资金和技术风险，充分调动用能单位节能改造的积极性，是行之有效的节能措施。

1. 鼓励建立节能减排专业服务公司，提高公司能力

以实施合同能源管理为突破口，推动节能诊断、监测、审计等业务全面开展，培育一批有特色、高水平的节能减排专业服务机构。同时，鼓励重点用能企业利用自身技术产品优势和管理经验，组建专业化节能服务公司，提供社会化节能服务，形成一批公正权威的第三方中介服务机构。

2. 确立合理投资回报期

欧美等发达国家推进合同能源管理的过程中，大部分投资回报期都比较长，节能量担保模式具有较强的生命力。政府要积极引导，节能服务产业不是高回报的行业，引导企业树立正确的投资回报率期望，不要一哄而上，为了获取项目或达到短时间收回投资的目的而虚夸节能效果，或损坏客户设备，造成用户重要设备寿命缩短。政府在制定相关促进政策时，要衡量项目的投资回报期，通过税收优惠、财政补贴提高项目投资方的投资回报率，从而促进节能服务产业的发展。

3. 建立融资信誉机制

政府主导建立节能服务公司信誉机制，在国家大力推广能耗设备计量和重点能耗单位能源审计的过程中，积极进行预实施项目的预期节约量评估和项目实施后绩效评估。政府补贴项目，要进行严格的事先可行性验证以及事后绩效评估，对于优质、信誉度较好的客户给予融资贷款，对于信誉好的节能服务公司给予扶持。

4. 建立节能服务信息化平台

建立涵盖节能服务公司、客户、节能技术以及项目的信息化平台，通过平台评估项目的实施情况，总结经验，为节能技术的推广和合同能源管理模式的选择优化，以及政府支持提供良好的平台。借助平台，通过市场自动筛选，政府提供融资支持以及补贴引导节能服务产业良性发展。

（六）建立可再生能源配额制度，推进能源结构升级

可再生能源义务（The Renewables Obligation，RO）是英国政府支持可再生能源发电的主要机制。自2002年推出可再生能源义务以来，已成功使可再生电力水平提高了3倍多，可再生能源在英国总供电量中的比例从1.8%提高到了2009年的6.7%。2009年底，中国政府对外承诺，到2020年，非化石能源占一次能源消费的比重要达到15%左右。

“十二五”规划要求，2015年非化石能源要占能源消费的11.4%，这就要求必须采取有效措施解决可再生能源发电并网和市场消纳问题，适应中国能源总体发展战略对可再生能源发展的高目标和高发展速度的要求。2012年4月，国家能源局把《可再生能源电力配额管理办法（讨论稿）》下发各省征求意见，至今尚未正式出台。讨论稿从发电企业、电网企业及地方能源

主管部门三个层面分别提出须承担的可再生能源发电配额指标及相关义务，其中全国范围内的电网企业须承担的可再生能源发电配额指标最高将达15%。讨论稿首次明确提出电网覆盖区域内电网企业须承担的可再生能源发电配额指标，到2015年，国家电网、南方电网、内蒙古电力公司以及陕西地方电力公司承担的保障性收购指标分别为5%、3.2%、15%以及10%。此外，讨论稿中还明确要求大型发电企业可再生能源发电总装机占自身比例要达到11%，总发电量要达到6.5%。

从长期来看，配额制有利于可再生能源的后期规模化应用，指标任务的下达有利于刺激风电、光伏发电等可再生能源电力的发电及上网电量，可切实提升可再生能源项目的投资收益，优化我国的能源结构。但是，由于全国范围内的风能、太阳能等可再生能源资源分布不平均，要充分实现配额制中提出的指标要求，就必须建立可再生能源发电配额指标交易制度，还要在技术上解决不同地区可再生能源发电输送通道问题。从根本上说，还需从电力体制、电价机制以及产业政策、市场资源配置等方面进行配套考虑，综合治理。这样才有可能通过《可再生能源电力配额管理办法》的实施来彻底解决可再生能源发电、上网和市场消纳三大难题。

总之，全球经济向绿色低碳转型已成为大势所趋，中国发展低碳经济依然有很长的路要走，“他山之石，可以攻玉”，立足中国实际，借鉴国际经验，寻求符合中国国情的低碳发展道路，需要更多的智慧和勇气。

The Challenges and Policy Recommendations to Promote Energy-saving, Emission-reduction and Low-carbon Development in China

Chen Ying　Liu Zhe　Wu Xiangyang

Abstract: Based on the achievement of reducing energy intensity per unit of GDP by 20% during the period of the 11th Five-Year Plan, China will continue to make greater effort to promote energy saving, emission reduction and low-carbon development in the 12th Five Year Plan. Shown as the progress of implementation in recent years, China faces great challenges in lack of awareness, measures coordination, policy portfolio, finance, technology, capacity, and so on. In this paper, on the basis of chinese circumstances and international experiences, some specific policy recommendations are proposed to promote energy saving, emission reduction and low-carbon development in China including building long term vision of emission reduction target, building domestic carbon market, optimizing subsidy and economic incentives, captivating carbon financing system, promoting Energy Management Contracting (EMC), and introducing the Renewable Obligation.

Key Words: the Twelfth Five Year Plan; Energy-saving and Emission-reduction; Low-carbon Development

参考文献

[1] 国务院:《国民经济和社会发展第十二个五年规划纲要》。

[2] 第一批包括“五省八市”,第二批增加29个城市和省区。发改委:《关于开展第二批国家低碳省区和低碳城市试点工作的通知》, http://www.sdpc.gov.cn/gzdt/t20121205_517506.htm。

[3] 国家发改委:《各地区2013年1~5月节能目标完成情况晴雨表》, http://www.sdpc.gov.cn/tztg/t20130710_549548.htm。

[4]《工业和信息化部下达2013年19个工业行业淘汰落后产能目标任务》, http://www.miit.gov.cn/n11293472/n11293832/n11293907/n11368277/15334145.html。

[5]《青年消费者支持节能减排但多数无从着手,多数公众把治理环境责任寄托在政府身上》, http://news.163.com/07/0820/02/3MA9P16Q000120GU.html。

[6] 王保安:《以财政制度创新推动节能减排》[J],《经济研究参考》2008年第1期,第19~23页。

[7]《“十一五”节能减排回顾之二》,国家发展和改革委员会网站, http://www.sdpc.gov.cn/xwfb/t20110928_435933.htm。

[8] 唐山市发改委, http://www.tsdrc.gov.cn/a/hongguanjingji/2011/0330/4423.html。

[9] 刘长松:《北京生活用能碳排放基本特征与减排政策选择》[C],《北京公共服

务发展报告 2012》。
[10] 科学技术部社会发展科技司等编《全民节能减排实用手册》[M]，社会科学文献出版社，2007。
[11]《阶梯电价方案一览表》，http：//finance. qq. com/zt2010/jietidianjia/。
[12]《发行“碳券”突破节能减排投融资障碍》，http：//news. 163. com/09/1222/13/5R52T923000120GU. html。

基于经济学视角的中国城市湖泊治理困境及政策选择研究*

◇李　萌　彭启民**

【摘　要】　我国城市湖泊污染问题十分严峻，但整体来说，治理成效并不理想。文章从经济学的研究视角，对城市湖泊污染的驱动力进行了系统分析，并针对城市污染治理的困境进行了经济学的解释，在此基础上，提出改革水资源管理体制、健全和完善水市场、创新应用环境经济手段、构建生态预警机制、实施公共参与制度的政策选择。

【关键词】　城市湖泊　驱动力　治理困境　政策选择

随着城市化和工业化的推进，我国环境问题日益凸显，湖泊水环境更是迅速恶化。在城市里，人口的增加和集聚、工业企业的引进和扩张都给城市湖泊环境带来了压力。目前，城市湖泊污染问题已经十分严峻。根据《2011年中国水环境状况》的数据，2011年，监测的26个国控重点湖泊（水库）中，富营养化状态的湖泊（水库）占53.8%，其中，轻度富营养

* 本文是国际合作课题“Watershed Eutrophication Management in China through System Oriented Process Modelling of Pressures, Impacts and Abatement Actions.（Researcher project-MILJO2015）”的阶段性研究成果。

** 李萌（1973～），女，湖北宜昌市人，经济学博士，中国社会科学院城市发展与环境研究所副研究员，华中师范大学经济学院研究生导师，研究方向为城市与环境经济学、可持续发展经济学；彭启民（1969～），男，山东滕州市人，博士，中国科学院软件研究所副研究员，研究方向为社会计算、信息集成。

状态和中度富营养状态的湖泊（水库）比例分别为46.1%和7.7%，主要污染指标为总磷和化学需氧量。在监测的200个城市4727个地下水监测点位中，优良－良好－较好水质的监测点比例为45.0%，较差－极差水质的监测点比例为55.0%。而在城市内湖监测的5个城市内湖中，东湖（武汉）、玄武湖（南京）和昆明湖（北京）为Ⅳ类水质，西湖（杭州）和大明湖（济南）为Ⅲ类水质，近年来并无明显改善。[1]事实上，过去30年内，我国被污染的湖泊面积已从最初的135平方公里激增至1.4万多平方公里，被污染的湖泊类型也从城市小湖泊发展到一些大中型湖泊。[2]城市湖泊污染问题的严峻引起了社会各界的关注，政府近些年来也已强势介入，积极寻求治理之路。国家和地方每年都要投入巨资，用于环境污染治理。2009年，全国用于包括水污染治理在内的环境整治投资为4525亿元，比2005年增长89.5%。在“十二五”环保科技的投资额度中，水污染防治领域占比最高，估值达50亿元。[3]然而，与大量的人力、物力投入相比，城市湖泊治理的收效却还很小。是什么原因导致我国水污染防治一直收效甚微？中国城市湖泊治理困境问题何在？我们应该采取怎样的措施来改变这个现状？本文将从经济学研究视角进行系统分析，探讨有效的制度创新与相关政策选择。

一　研究现状

多年来，国内外学者从工程技术、生产方式、法律手段、经济手段、土地和农业结构、综合控制等多方面对水污染防治展开了分析。水作为自然资源之一，具有公共物品的属性，服务于经济、社会、生态等多种用途。早期，国外学者对水污染治理的研究多集中于工程技术手段。1910年，马歇尔提出了“外部不经济性”这一重要概念。基于此，福利经济学之父庇古（Pigou）提出了运用庇古税的方法来纠正负外部性的问题，这一理论在水污染防治方面的直接运用就是通过征税来减少企业的水污染排放物[4]。随后，戴尔兹于1968年首先提出了排污许可证交易的思想，并被一些国家用于水污染防治，这是对工程技术手段治理水污染的一种体制创新[5]。Segerson最早提出基于水质标准征收环境污染浓度税的政策，指出由于很难监测到面源污染每个污染者的行为和污染排放量，因此，基于排污者收费的政策难以具体实施，并从理论上设计了一种基于危害水质的某种污染物的浓度收费政策，对某地区设定某种污染物浓度标准或水质标准，依据标准对该地区进行补偿激励或者惩罚[6]。Anastasio Xepapadeas 在 Segerson 的研究基础上提出了更为可取的建议，他认为由于面源污染源不易监测或监测成本很高，管理者无法有效地了解所有这些排污者的排放量。因此，政策措施可以分为两个方面，一个方面是对可以监测到的污染排放部分征收排污税，另一方面是对难以监测到的但影响了社会总福利水平的污染征收环境污染浓度税。在税率的设定上，采取差别对待。要对单个污染者的排污行为进行监测，但实际上在采取差别税率的政策时，仍要掌握几乎所有污染者的排污信息。因为，当环境污染浓度没有达到环境保护标准时，对整个地区的排污者进行征税，可能会导致那些努力进行污染控制的排污者的控污积极性受到打击，从而放弃控污行为[7]。Rousseau 则指出许可证交易具有成本节约、激励超出目前限制的污染削减、激励技术革新等好处，但同时也存在缺陷，比如，市场力量的可能性、较高交易成本的出现以及监督和执行不力等[8]。

在国内，一些学者研究认为，我国湖泊富营养化主要是面源污染，主张通过运用化肥和农药减量施用技术、人工湿地技术、废弃物资源化利用技术进行治理[9~17]。另有一些学者针对具体流域的水污染现状，提出了不同的治理对策。霍尚涛等根据长江流域的水污染现状，指出除采取治污措施外，更重要的是要重视利用立法和加强监管等预防性措施[18]。张体伟针对滇池的治污现状，回顾了滇池的水环境，以及治理过程中出现的问题，剖析其原因，并提出了治理的对策[19]。周鑫等针对巢湖流域的污染现状，从区域的角度分析了巢湖流域的全局及局部水环境的现状和污染原因，并从生态防治和技术性防治的角度进行了相关的研究[20]。余辉军等针对淮河的污染治理，指出政府的失位、环境法定位上的偏颇、公众参与制度的缺失以及环境观、环境意识的滞后等是非常重要的原因，必须有针对性地寻求应对之道[21]。另外，对于跨区域水污染治理，赵自芳在《跨区域水污染的经济学分析》一文中分析了我国跨区域河流水污染长期无法根治的原因在于其公共资源的性质和外部治理缺乏市场机制，因此建立排污权交易市场是必然选择[22]。而王文龙和唐得善则认为，忽视地区差异性、采取统一标准导致各地区利益分配不均，从而产生地方保护主义和消极抵制，是跨区域水污染防治困难的主要原因，并认为只有兼顾各方利益，建立合理的补偿和激励机制，才能使水污染防治达到预期效果[23]。另外，刘斌指出，由于利益主体的博弈，人们在水污染问题上实际上陷入了"囚徒困境"，要从根本上解决我国的水污染问题，就要在全国建立统一的可交易的污染许可证制度[24]。水污染治理的先驱曲格平认为，中国水污染问题，应该说是一个经济发展方式和政策制度的问题。解决水污染问题，需要每一个工业企业都采取措施，更需要国家从发展战略层面来综合考虑和规划治理。要有效保护水源，改善水质，必须实行流域统一管理，全面推行总量控制制度。这就需要改革现有的按部门、按地区相互分割的管理体制[25]。

以上这些研究，对于本文很有借鉴意义。从上述研究成果可以看出，虽然我们的研究取得了一定成果，但是还存在着一些不足。一是一些学者对水污染的治理提出了很多方法和路径，但缺乏对方法实施过程中问题的具体分析。事实上，我国在较多借鉴国外的相关理论及水污染治理手段的同时，遭遇实践过程中的很多现实困境。二是有的学者借鉴西方发达国家经验，从制度的层面进行反思，也取得了一定的成绩，但是并没有为其制度构建寻找深刻的理论解释，对这种制度的可行性也存在质疑。对于城市湖泊的污染治理这一日渐迫切的课题和治理困境的突破，经济学者的研究更是落后于环境工程和生化专业等技术部门的学者们的研究。有鉴于此，本文在中国和挪威合作研究项目"Watershed Eutrophication Management in China through System Oriented Process Modelling of Pressures，Impacts and Abatement Actions"实证和对比研究的基础上，从经济学的视角，着重对中国城市湖泊污染的驱动力、治理措施的效率和困境、有效政策选择与组合等进行理论探讨，以期为中国城市湖泊治理的推进提供科学依据和可操作的建议，对以往研究的进一步深入和拓展。

二　中国城市湖泊污染的驱动力分析

中国城市湖泊污染的驱动因子有很多，而且具体到不同类型的水域和不同地区，其污染成因又各不相同，但是，一般来说，主要驱动力有如下方面。

1. 自身准公共物品特性所导致的“公地悲剧”

水资源的不可分割性导致产权难以界定或界定成本很高，它往往属于准公共物品，或至少具有一定的公共性，因此在缺乏有效监督和约束的情况下，向公有水资源排放污染物就是转嫁这种水环境的成本给生活在环境中的全体人民。由于存在负外部性，污染厂家按利润最大化原则确定的产量与按社会福利最大化原则确定的产量严重偏离，从而使污染物过度排放。也就是说，作为理性的经济人，排污厂商会尽可能地增加自己的生产量即排污量，并将获得因此带来的全部收入，而不必考虑整个环境的污染和退化。然而，水资源的承载力或自净力是有限的，最终导致水污染和退化越来越严重。

2. 城市化进程推进和快速经济发展导致的污染物产生量增加

改革开放以来，中国进入快速城市化时期，同时经济高速发展。1979～2010年间，我国城市化率从18.96%提高到49.95%，至2011年底，我国城市化率达到51.27%。有半数以上的中国人，以不同的方式集聚（工作和居住）在城市，同时，GDP多年来保持着9%～10%的速度增长。[26]然而，长期以来，中国的城市化和经济发展是以环境的牺牲和资源的过度开发利用为代价的，随着城市化人口基数的增大和城市规模的扩大，城市污染治理能力不足，传统发展模式引发的经济、社会和环境的冲突日益加剧。对于发展中经济而言，在发展的过程中降低污染物的产生量是非常困难的，即使产业发展转型，对污染物绝对排放量的削减也需要一定的时间，并依赖于末端治理。

3. 不合理的产业布局和生产生活方式所带来的严重污染

中国传统经济发展战略是粗放式增长方式下的重化工业优先发展，由于受水资源、交通等产业布局因素的影响，重化工业沿江河湖泊布局已经成为一种范式。据统计，全国21000多家石化企业中，位于长江、黄河沿岸的石化企业达到13000多家，至于像造纸、小皮革等项目在水环境敏感地区大起炉灶的现象更是比比皆是。这些产业布局的最严重后果就是大量污水在未经处理的情况下倾注到江河湖泊，造成严重的水污染。

同时，工业和农业不合理的生产方式以及城市生活污水的增加也带来城市湖泊的大量污染。为了快速提高产量，工业的大量资源消耗型的粗放式生产，以及农业大量化肥农药的施用，加之传统的生产和灌溉技术的落后，污染物以及氮磷等随着地表径流流入湖泊，成为面源污染的重要来源。

4. 传统治水模式下体制失灵所造成的相关保护和建设羸弱

水污染背后公共管理体制的失衡和羸弱是城市湖泊污染的间接驱动力。水资源属于公共产品，应该纳入政府资源建设和管理的范畴，中国长期以来的治水模式主要是依靠指令配置的命令式控制模式，这一模式在农业社会和计划经济条件下比较有效，但是在现代工业社会和市场经济体制下常常失效，比如产权设置模糊、激励机制缺乏、信息结构扭曲等造成的政府缺位、市场失灵、计划失灵等相关管理体制的失灵。对水的保护和建设的不力，间接带来了城市湖泊污染的加剧。

总体来说，当前我国城市湖泊污染已经发展到非常严重的程度，呈现复合型、流域性和长期性等特征。严重的水污染不仅直接危及百姓饮水安全和生产生活质量，也削弱了水体的生态功能，水体中和周围地区动植物大量死亡，使水域的生态物种退化、生物多样性减少，并引发一系列生态问题，导致严重的生态系统健康风险。水污染还加剧了水资源的短缺，每年有约250亿立方米的水因受污染而不能使用，成为用水需求得不到满足和地下水耗竭的原因之一。470亿立方米未达到质量标准的水被供给居民家庭、工业和农业使用，导致相应的损害成本上升，另有240亿立方米超出可补充量的地下水被开采，造成地下水耗竭。根据世界银行的研究报告《中国污染损失》估计，水危机导致的损失已经占到中国GDP的约2.3%。这样的估算所反映的只是一个局部，并没有包括尚未作出估计的损失，如水体富营养化、湿地和水域干涸等的生态影响，以及大多数水体因污染造成的舒适性丧失。因此，水污染造成的总损失无疑会更高。[27]

三　中国城市湖泊污染治理困境的经济学解释

水资源的随意开发、污染水的排放、农药化肥的滥用等使城市湖泊水环境的承载能力受到了极大的挑战。如图 1 所示，我们假定水体的环境容纳能力为 Q_0。当污染物含量超过 Q_0 时，将产生污染损失，且边际损失随着污染水平的增加而递增，在图中表现为曲线 MDC。为此，我们进行污染排放量的控制或污染治理，实证和理论都表明，边际控制成本随着排放量的减少而增加，即随着控制量的增加而增加，在图中表现为曲线 MAC。曲线 MDC 和曲线 MAC 相交于 E 点，即在均衡点 E，整个社会总费用最小，对应的污染物排放量 Q^* 为最优控制量。

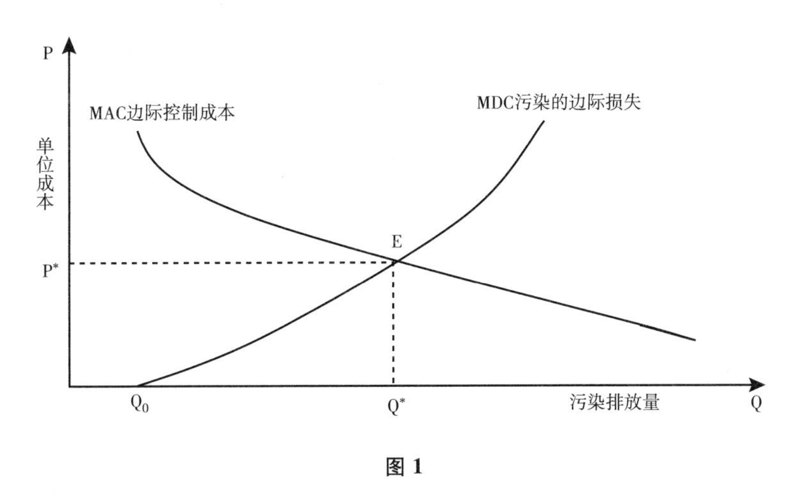

图 1

为了使湖泊的排污量控制在最佳状态点 E，我们通常采用的举措有直接行政管制、排污削减补贴或排污收费、排污征税、排污权交易、治污工程技术的应用，它们分别主要是行政手段、经济手段、法律手段、市场手段和技术手段。

1. 直接行政管制

直接行政管理，即政府直接对那些对水资源有负外部性的经济活动采取数量控制措施或制定污水排放标准并强制执行。比如有关部门制定并依法强制实施的对每一污染源特定污染物排放的最高限额，这种命令式的直接控制手段在处理一些紧急环境事件尤其是公害事件时，很有必要。而且，直接行政管制实施主体一般是政府，政府代表公共利益，兼顾社会各方面的目标，在处理有些跨区湖泊污染和协调多个利益相关者主体时，可以站在全局的高度进行利益的协调，避免经济主体之间陷入“囚徒困境”，而且可以减少交易成本，但是在实践中，这种手段往往不能按照理想和经济的方式进行。这是因为：其一，从环境经济学的角度看，制定排污标准等行政管制不仅要考虑环境污染造成的损失，还要考虑排污标准对经济发展的影响，而排污标准和经济效率并不总是一致的。其二，直接行政管制往往对不同性质、不同规模、不同地区的企业采用统一的标准或实施等比例的削减，但实际上，不同企业的边际控制成本是千差万别的，因此这种命令控制型手段很难满足等边际的原则，难以实现污染控制总成本的最优，从而不能实现真正意义上的效率。其三，直接行政管制手段通常只是规定每个企业产生的最大废物量，这就不可能激励企业采取更有效的污染控制措施，将废物量降低到规定的最大废物量以下，限制了那些减少污染的边际成本较低的企业做出更大的努力。其四，由于寻租、信息不充分，以及跨区域湖泊管理中地方保护主义等原因，政府在直接管制手段实施过程中，会因“政府失灵”的问题而产生偏差，使得政府的决策往往不符合效率原则或实际控制手段的执行效果大打折扣。

2. 排污削减补贴或排污收费

排污削减补贴或排污收费是水污染治理的主要经济手段。排污削减补贴是指监管者给予生产者某种形式的财务支持，用来激励企业生产者进行污染治理，常用的形式是拨款、贷款、税金减免。然而，从长远看，在补贴的情况下，将会有更多的企业加入排污产业，因此虽然每家企业的排污量可能减少了，但社会总排污量却可能比以前更多。

而排污收费是根据污染者付费原则，政府对超标准排污和超量排污的企业进行收费，从而将环境污染的外部成本内部化，激励污染者治理污染，保护水环境的一项制度安排。对于政府来说，排污收费是一项好的举措，但实际执行中，生产者、消费者、环境保护者都抱怨和抵触这个政策。企业不满意是因为累进收费的经济性管制手段直接加大了企业的生产成本，他们不得不较大幅度地减产，产量的减少意味着企业利润的减少；消费者不满意是因为排污收费使产品的市场价格上升；环境保护者不满意是因为定量内的污染物仍在排放。[28]而且，政府出于财政支出的需要可能对污染现状熟视无睹，仅仅追求收费最大化而不是污染最优化。

3. 排污征税

排污征税是对水环境的排污者征收污染税，是一种水污染治理的经济手段，也是一种比排污收费更具强制性的法律手段，目的是想通过税收来弥补私人成本与社会成本的差距，使企业的边际控制成本相等。毫无疑问，排污征税与直接政府管制手段相比，可以以更低的成本达到同样的污染控制量，企业可以根据各自的控制成本选择控制量，根据各自的技术创新能力来选择纳税还是技术创新。但是，要达成这一命题，有一个隐含的前提，即政府能够准确地掌握厂商施加的外部性成本以及有关边际控制成本与边际损害成本的所有信息，从而制定统一的税率引导企业将排污水平控制在最优水平上。实际上，这一命题很难达成，管理部门通常面临着与行政命令手段相同的信息约束，最优税率因而难以确定。不当的税率导致对企业的引导和激励不当，造成环境不可逆转的破坏。另外，排污征税这种手段还没有考虑税收分担问题。按照庇古理论，政府对每单位产品向企业征收等于边际外部成本的税收，但实践中，这一税收往往是由生产者和消费者共同分担，有的甚至出现税收完全由消费者承担的极端情况[29]。

4. 排污权交易

排污权交易是利用市场机制对污染物进行控制的一种举措，是科斯定理应用于水污染的一种制度安排。在这一制度下，政府制定总排污量上限，并按此上限发放排污许可证，许可证可以在市场上买卖。在一定的排污水平上，减污成本较低的污染者发现削减污染比购买排污许可证更经济，而减污成本较高的污染者则会发现购买排污许可证比削减污染更合算，由于各污染者的减污成本不同，因此存在许可证交易的潜在可能，通过交易，达到节约成本的目的。排污权交易较之直接的排污标准控制和排污税，更有利于降低企业治理污染的成本和政府对环境状况的宏观调控。但是，在实际操作中往往会暴露一系列的问题：一是排污权交易有效发挥作用的前提是竞争完全的市场，但是在中国，市场化改革的过程中，政府的力量和计划经济的影响比较大，垄断、权利寻租、灰色交易、地方保护等这些因素的存在会阻碍市场的正常运作。二是排污总量的控制。科学准确地预算出一个控制区域的最大污染物排放量，加大了监管者的工作量，也涉及一些技术的挑战。三是排污交易费的问题。交易费涉及识别污染者、组织污染者进行开会协商、搜集讨价还价的依据以及交易本身等。如果交易费高于社会净收益，那么，交易就失去了目的性的意义。在我国，法制基础和信用经济都还比较薄弱，环境的管理实践中，所牵涉到的利益相关者主体众多，这导致了交易费用和交易成本居高不下，从而限制了这种手段的使用和普适性。另外，排污权交易的应用是基于产权的明确界定，但是一些跨区域的城市湖泊产权很难以界定，不可能将这些资源的产权分配给某一区域或者某一群人，在这种情况下，产权途径就不是很适用。而且，由于污染在流域内的流动性和扩散性，若上游排污超标，将使下游总量控制和排污权交易的效果等于零。

5. 治污工程技术

我国多年以来投入大量的资金进行治污技术的开发和应用，但是水污染发生、扩散和衰退包括对流、弥散和化学反应等，机理较复杂，目前还难以完全定量描述污染质与介质的作用过程、微生物反应过程和尺度效应，这加大了水污染防治技术研制的难度。为了找寻见效快、副作用小、经济效益和社会效益高的水污染防治和修复方法，各国都投入了大量的资金和科研力量进行研发，虽然有了一些进展，但真正大规模投入使用尚需进一步实验。而且，由于污水深度处理工艺欠缺，我国已建成投产的污水处理厂排放标准仍然偏低，目前只有12%的处理标准达到了国家一级A。再如工业废水处理，不同行业废水的特征污染物存在很大差异，所需技术也不尽相同，甚至需要多种污水处理技术结合使用才行。总体来说，我国企业治污水平普遍不高，废水处理设施的管理和使用经验不足，对新技术、新工艺的跟踪在实际应用中反应滞后，面对市场上纷繁复杂的技术不知如何选择，再加上新技术市场推广不力，信息不对称让市场和技术难以对接，引发市场与技术的矛盾。譬如，由于污泥处理技术和设施的欠缺，目前我国污水处理产生的污泥有相当比例仅进行了卫生填埋，成为污染环境的隐患。可以说，经济实用的核心技术的突破和掌握，对于水污染治理行业的发展极其重要。另外，进行水污染防治和水土修复的前提是污染源得到有效控制。比较而言，工业“三废”、污水和生活垃圾等点污染源相对容易控制，而农药化肥污染、空气污染物沉降等面污染源则难以控制。即便是前者，虽然其环境收益意义深远，但短期内也难以收获经济效益，受经济利益驱动和技术制约，其实际执行情况也不容乐观。在现有技术条件下如高氨氮、高浓度难降解有机污染物处理成本高，给企业造成的成本压力大，造成部分城市污水处理厂有钱建得起，却无钱维持正常运行。从已建成投产的污水处理厂运行情况统计看，约三成处于停产状态，运行正常的仅占三成左右。总之，水是社会经济各环节不可或缺的重要自然资源，其不同的利用功能决定了水污染防治和生态修复的多目标性，再加上水态环境的复杂性，现有的治理和生态修复理论、技术措施对生态环境的长期效应有正面的、不确定的甚至负面的，效果尚不确定[30]，而修复过程的监管和效果评估也有待进一步理清机制，需提出合理可行的解决方案。

四　突破中国城市湖泊污染困境的政策选择

直接行政管制、排污削减补贴或排污收费、排污征税、排污权交易、治污工程技术的应用——这些水污染防治举措对控制环境污染都产生了一定的效果，但是在实践中都存在一些局限。为了实现城市湖泊水污染的有效治理，我们有必要进行以下的制度选择和创新。

1. 改革水资源管理体制

与建立和完善市场经济体制的总体战略相适应，要改革和加强水资源的管理体制，明确政府、社会和市场的角色和相互关系，明晰水环境管理部门的职责分工，提高水资源管理机构的效率和效能。一是国家在大局上加强对地方水环境管理的指导、支持和监督，健全区域环境督察派出机构，有效协调跨省的水环境保护，督促、指导区域内突出的水环境问题。二是地方政府加强与其他相关地方政府的工作协调，对本区域内的水环境质量负责，并监督下一级政府和本区域内重点企业的环境行为，建立环境监督员制度，进一步总结和探索地方水环境管理体制。三是实现水资源所有权与管理权的分开，健全水环境管理的法律、法规，加强水环境监管制度，公正执法。对于跨区域的湖泊上游地区污染量的测量，由中立的第三方来完成，打破政府的保护性干预，优化权利配置。

2. 健全和完善水市场

依靠政府调控，培养、建立健全乃至完善水市场机制。按照资源配置效率高低，不同资源配置状态依次排列为市场态物品、公共态物品和共有态物品。目前而言，城市湖泊水资源往往属于公共态物品或共有态物品，而要转变为可由市场机制进行配置的市场态物品，首先要做的就是水权的界定。按照湖泊水资源的功能，明确区分生活用水、生产用水和生态用水。对于生活用水，可由政府制定市场规则，适当引入竞争机制，实施和监督市场运行；对于生产用水，可建立原水市场和水产品市场，从而使生产用水参与到市场配置体系中去；而对于生态用水，需要由政府对其配置进行调控，建立流域管理委员会，制定相应的法律规章进行保护，使之最大限度地引入市场机制。另外，我们可以借鉴国外的先进经验，逐步建立一个灵活多样的两级水权交易市场，即一级市场和二级市场，一级市场即初始水权交易市场，政府通过招标、拍卖、无偿分配等方式以签订期权合约的形式将水资源使用权在一定期限内出让给水资源的使用者或投资者。二级市场即水权自由交易市场。在实现水权初始分配之后，各市场主体会因不同的年份和季节出现供需不平衡的现象，交易主体可以在二级市场直接买卖水权交易期权合约。一级市场和二级市场的有机结合不仅有利于水市场的发育，而且赋予了水权投资主体更大的灵活性，促进水市场机制的发展与完善。

3. 创新应用环境经济手段

任何环境政策工具都存在缺陷和使用特性的局限，国外在控制水污染时都十分注重多种政策工具的组合使用。我国目前水污染控制仍是直接行政手段占主导，在实行的环境经济政策中也以排污收费为主，手段单一，缺乏效率。应改变这种状况，创新应用环境经济政策。一是我们要针对水污染区域的具体情况，选择合适的环境经济政策，不同区域的湖泊水污染特点和区域本身的经济、社会、文化等区情都会有所不同，而这些差异往往会对环境经济政策的应用效果产生影响。二是总量控制制度与市场交易制度的创新组合。首先，综合衡量湖泊水体的纳污自净能力和市政府的污水处理能力，确定污染物的控制总量，在此总量之内发放排污许可证，企业根据其许可证排放污水流至由政府运营的污水处理设施，进行处理之后再排入城市湖泊。其次，对排污许可证进行管理。未申报企业不予发放许可证；对未在规定指标之内排放的企业收回其许可证；对污染企业的排放情况进行“环评”和信用等级的建立，确保其持续达标排放和后期管理。再次，构建排污许可证交易平台。以湖泊流域为单位，以污水处理厂为中心进行排污权的交易。在总量得到控制的情况下，充分发挥市场机制的作用，按价格机制对排污许可证进行最优配置。三是试行湖泊资源证券化。这既是城市污染治理的金融创新，可解决污染防治中的资金问题，也是促进更多市民和其他团体参与环境保护的一种很好的举措。在初始阶段可由政府和环保企业认购，在后续阶段逐渐积累社会公众对这一投资品的关注和信心，待时机成熟之后推行上市交易。

4. 构建生态预警机制

为保护城市湖泊生态环境，改善湖泊水质，避免走“先污染、后治理”的老路，我们应该积极引导建立湖泊生态环境保护长效机制，制定城市湖泊的生态预警制度，这不仅可提高突发污染事件的应对能力，预防环境灾难的发生，而且还是控制湖泊污染或防止污染扩大化趋势的一个有效手段。城市湖泊生态预警机制主要包括预警系统、预警识别和诊断以及风险评价。一是建立由监测中心、通信系统、技术支持系统以及应急决策支持系统联合组成的预警系统，其中，监测中心负责监测实时水质情况，通信系统负责实时接收和处理信息，保证全天候工作，技术支持系统对已经报告污染事件的影响进行评价，应急决策支持系统则由职权部门授权作出警报决策。二是预警识别和诊断。在对湖泊水环境及外来水进行实时监测的基础上，进行水源水质的现状分析，对区域内风险源的风险因素进行鉴别和分析，对风险因素的危害后果进行评估。三是风险评价。可用风险度来评估生态隐患转化成污染事故的危险程度，以确定相应的防范措施和标准。另外，我们还可以通过资助研究和开发活动，促进经济的污染控制技术、低污染的新生产工艺以及低污染或无污染的新产品开发。

5. 实施公共参与制度

对城市湖泊污染具有决定作用的就是相关经济主体的活动，因此要做好湖泊污染的防治工作，最紧要的就是要充分调动一切社会力量，协调合作。实行以政府、企业、社会团体、社区和社会公众等作为污染治理主体的制度创新。一是要建立环境信息共享与公开制度。环保、水利、城建等部门协作，实现水源地、污染源、流域水文资料等有关水环境信息的共享，并由各级政府及时发布信息，让公众了解流域与区域环境质量、污染治理情况等信息，增加工作的透明度，也有利于公众能够了解、掌握有关动态，进一步对信息作出判断，以一定的途径和方式提出相应的意见或建议。二是通过公益的宣传活动和网络平台对社会公众进行环境保护教育，并与专家和媒体合作，对城市湖泊污染进行披露和诉讼，提高全民保护水资源的意识和自觉性，充分调动全社会守法环保的积极性和社会公众的监督力量。同时，培育流域性的非政府组织（NGO），共同建立起一个全面而有效的社会制衡机制，使水污染治理主体多样化，实现水环境与经济的综合决策制度。三是赋予公众更广泛的监督权，水管理制度和污水防治政策等要体现公众的力量，公众具有长期的监管权，贯穿发布草案、制定政策、执行效果考核的始终。

Research on Dilemma in Chinese Urban Lake Pollution Control and Policy Choices From Economic Factors

Li Meng　Peng Qimin

Abstract: Urban lake pollution is very serious in China. But the effect of pollution control is not as satisfactory. First, the driving forces of urban lake pollution are analyzed. Then, the dilemma of urban city pollution control is explained from the point of economics view. Finally, some policy choices are put forward, including the reform of water resources management system, perfect water market, innovation and application of environmental economic means, the construction of ecological early warning mechanism, the implementation of public participation.

Key Words: Urban Lakes; Driving Force; Dilemma; Policy Choice

参考文献

[1] 环保部:《2011年中国环境状况公报》,《中国环境报》2012年6月9日。

[2] 刘鸿亮:《中国30年来污染湖泊面积达1.4万平方公里》,工业360.com,2011年8月28日。

[3] 国家统计局发布的"十一五"经济社会发展成就系列报告和《国家环境保护"十二五"科技发展规划》。

[4] Arthur Cecil Pigou, *The Economics of Welfare*, London' Macmillan and Co., 1920, 12 - 68.

[5] J. H. Dales, *Pollution, Property and Prices, Pollution Property and Prices*, Cambridge University Press, 1968, pp. 76 - 132.

[6] Segerson K., "Uncertainty and Incentives for Nonpoint Pollution Control," *Journal of Environmental Economics and Management*, 1988, 15: pp. 88 - 98.

[7] Xepapadeas A., "Controlling Environmental Externalities: Observability and Optimal Policy Rules," In *Nonpoint Source Pollution Regulation: Issues and Policy Analysis*, Kluwer Academic Publishers, 1994, pp. 231 - 256.

[8] Sandra Rousseau, "Effluent Trading to Improve Water Quality: What do we Know Today?" working paper series No. 2001 - 26, Katholieke University Leuven. Published in: *Tijdschrifl voor Economic en Management*, 2006, pp. 229 - 260.

[9] 魏文秋:《乡村水污染治理技术及评价方法》[J],《中国农村水利水电》1998年第3期,第37~40页。

[10] 王俊:《城市生态建设及其相关的几个问题》[J],《环境科学动态》1992年第3期,第9~11页。

[11] 金浩波:《浅谈太湖水污染与防治》[J],《环境保护》1998年第4期,第23~28页。

[12] 刘建昌、张珞平等:《基于面源污染控制的农业土地利用系统优化》[J],《农业环境科学学报》2006年第2期,第442~447页。

[13] 魏丽萍、梁美生:《我国湖泊富营养化问题概述》[J],《化工文摘》2008年第6期,第38~40页。

［14］田永杰、唐志坚、李世斌：《我国湖泊富营养化的现状和治理对策》［J］，《环境科学与管理》2008年第31（5）期，第119～121页。
［15］宁淼、叶文虎：《我国淡水湖泊的水环境安全及其保护对策研究》［J］，《北京大学学报》（自然科学版）2009年第1期，第63～69页。
［16］陈智远、石东伟、王恩学等：《农业废弃物资源化利用技术的应用进展》［J］，《中国人口·资源与环境》2010年第20（12）期，第112～116页。
［17］鄢帮有、刘青等：《鄱阳湖生态环境保护与资源利用技术模式研究》［J］，《长江流域资源与环境》2010年第19（6）期，第614～618页。
［18］霍尚涛、陆志明：《长江流域水污染的现状以及相关立法建议和完善》［J］，《科技信息》2006年第3期，第183页。
［19］张体伟：《2000年滇池流域水污染的综合治理》［J］，《中国农村观察》2001年第2期，第32页。
［20］周鑫、王心源：《巢湖流域水污染防治研究》［J］，《资源开发与市场》2007年第9期，第841页。
［21］余辉军、刘超：《淮河流域水污染治理的困境与对策》［J］，《科技与法律》2005年第4期，第111页。
［22］赵自芳：《跨区域水污染的经济学分析》［J］，《技术经济》2006年第3期，第11～15页。
［23］王文龙、唐得善：《对中国跨区域水污染治理困境与出路的思考》［J］，《福建行政学院福建经济管理干部学院学报》2007年第3期，第34～37页。
［24］刘斌：《我国水污染防治机制的探讨》，内网，2008。
［25］李心亮：《中国水污染之患——访中华环境保护基金会理事长曲格平》［J］，《环境保护》2007年第14期，第11～12页。
［26］中华人民共和国国家统计局：《统计年鉴》（1979～2010年）。
［27］世界银行报告：《解决中国水稀缺：关于水资源管理若干问题的建议》。
［28］尚艳：《我国水污染治理的经济学分析》［J］，《内蒙古财经学院学报》2008年第3期，第19～21页。
［29］曹文慧：《水污染控制政策工具及其有效性研究——以淮河为例的政策模拟与设计》，浙江理工大学硕士学位论文，2009，第18～19页。
［30］刘国彬、杨勤科、陈云明等：《水土保持生态修复的若干科学问题》［J］，《水土保持应用技术》2011年第4期，第16～18页。

“城市型洪涝灾害”基本特征及预防机制

——以北京“7·21”暴雨为例

◇樊良树*

【摘　要】　历史上，北京人工河道、自然河道纵横交错，提供了较强的雨水含蓄及疏导能力。伴随城市化进程加速，北京的硬覆盖加剧，不同地段排水能力千差万别，加之人口资源高度集中，洪涝灾害及次生灾害交合碰撞，引发一系列“多米诺骨牌效应”。痛定思痛，必须恢复城市土地的海绵功能，建设环境设施与蓄存雨水功能兼善的公园，大规模植树造林，走“蓄存与排水并重，抗洪涝与雨水再利用并举，城市经营与美化家园兼顾”的新型治水之路。

【关键词】　“7·21”暴雨　北京　“城市型洪涝灾害”　环境治理

2004年迄今，北京多次经受暴雨冲击，人们正常的生产生活秩序受到巨大影响。2012年7月21日，特大暴雨（以下简称“7·21”暴雨）再度袭击北京。此次北京受灾面积之广、受灾人口之多，均创历史新高。

纵观2004年以来为北京带来多重“雨伤”的数次暴雨，可以发现暴雨引发的风险阵列环环相扣，四面扩溢。一场暴雨使一座城市瘫痪的几率大大提升。作为人流、物流、信息流高度集中的特大城市，北京会集了四面八方

* 樊良树（1977～），历史学博士后，湖北长阳人，华北电力大学政教部讲师。

的资源，也面临更多的风险。暴雨如注，衍生的多重灾害同繁密的城市结构交会叠加，极大地提升了北京的风险系数。

不仅北京如此，2004年以来，天津、太原、武汉、石家庄等多个城市均遭受洪涝之苦。此类与传统洪涝有诸多不同且影响范围主要在城市的灾害，笔者将其称为“城市型洪涝灾害”。本文以北京“7·21”暴雨为例，以城市化弊端、“城市型洪涝灾害”基本特征为视角，分析“城市型洪涝灾害”的治理。

一 “城市型洪涝灾害”与城市化弊端密不可分

进入21世纪，在奥运效应和城市扩张的刺激下，北京像一张大饼越“摊”越大。原本生长庄稼、草木的近郊菜地，骤然转化为钢筋水泥的城市建设用地。高楼大厦如雨后春笋拔地而起，将北京包裹在水泥丛林中，深刻地改变了北京的城市肌理。

大量水泥地裸露在外，使土地积蓄水分的能力急剧降低，生态屏障功能微乎其微。暴雨来袭，雨水流过光秃秃的水泥地，形成深浅不一的地表径流。在地下人工排水系统不能将积水迅速排走的情况下，地表径流一波未平，一波又起，不断集聚更大的冲击力，向地表的低洼处汇合。

20世纪90年代以来，北京修建了众多下沉式立交桥。此种立交桥对维护古都风貌、降低建设成本、减缓汽车噪声大有裨益。但水往低处流，排水效能不佳也让这些下沉式立交桥成为某一地区多余积水的天然汇合处。风雨交加，下沉式立交桥摇身一变成为“城市湖泊”，大批车辆困守于此，进退维谷。

由于下沉式立交桥多修建于交通繁忙的地段，只要积水没过一辆汽车的发动机，后续汽车就难以前行，滞留的大批乘客对身边险情浑然不知。当“城市湖泊”已经形成，后续积水群趋于此，进一步抬高水位（上升速度取决于地形、雨量），困在车中的人员有可能因为打不开车门，遭受不测。2012年7月21日，北京广渠门立交桥积水一度高达4米。丁先生驾车“被困在广渠门桥下的积水中，外面水压太大，他打不开车门"[1]，最终不幸罹难。

暴雨倾城，这些本应任何时候都四通八达、稳定性极高的交通枢纽，成为步步惊心的"城市湖泊"，不能不让人认识到，城市建设必须考虑环境风险。在全球极端天气增多的背景下，城市基础设施如果不能经受极端天气的考验，就会引发难以估量的损失。

多次在暴雨中沦为"城市湖泊"的广渠门立交桥、莲花桥立交桥，同上下交错的水泥公路连接，滴水不渗的水泥公路变身为积水汇集的"城市河道"，无形中承担了"城市下水道"的功能。当我们放宽历史的视野，就会发现，位于华北平原北端的北京曾有"北国水城"的美誉。天然河道和人工河道经纬交织，为北京排洪泄涝，"舒筋活血"。北京北有沙河、清河，东有孙河、通惠河、运河，西北有昆玉河、长河，西南有永定河，东南有凉水河，水道网络联络一气，既为民众提供饮用水源，又在暴雨来临时充当泄洪管道，将积水迅速下泄。

1949 年以后，首都北京承载了大量人员和建设，在由"消费城市"向"生产城市"转型的过程中，不少河流先后断流。距东直门外 30 里曾有一条河流——孙河，民国年间自来水厂曾在此设立水塔汲水，供给部分市民饮用。永定河"河水东注，洪涛骇浪，有如迅雷奔马"[2]。20 世纪 60 ~ 90 年代，大规模"填河"行动对于不少残存河道简直是釜底抽薪。有的盖起了高楼，有的填埋成公路，人们只能从尚存的地名（如孙河、清河、小清河）想象它们曾经有过的地理景观。

河道湮没，北京的毛细血管堵塞。通则不痛，不通则痛。强降雨来袭，下沉式立交桥成为"城市湖泊"，公路摇身一变成为"城市下水道"。为了保证交通畅通，市政部门动用大批人力用水泵将积水强行转移，但积水排入并不宽敞的地下人工排水系统时排水效果堪忧。如果积水一部分走地上泄洪管道，一部分走地下人工排水系统，双管齐下，效果会好得多。"7·21"暴雨中，位于房山的拒马河，平日水流不丰，但基础河道尚存，关键时刻仍发挥了泄洪管道的作用。假如人们将拒马河全部"填河"造房，可以肯定，重灾区房山的损失会雪上加霜。

二 “城市型洪涝灾害”基本特征

城市扩张，硬覆盖加剧，汇集的雨水形成大量的地表径流，加重了整座城市的泄洪压力。曾经的“填河”行动让大量河道消失，切断了地上生命与地下土壤之间互通生息的通道。暴雨来袭，地下人工排水系统不能将积水及时排走，下沉式立交桥便成为阻隔交通、困守人员的“城市湖泊”。人困车中，无异于人困沉船。“城市型洪涝灾害”的灾害链效应，由此可见一斑。

作为一座常住人口超过2000万的特大城市，北京的体量在十多年间突飞猛进，城市的网络效应高度关联，牵一发而动全身。人口资源集中，由极端天气引发的城市风险大幅提升。当下沉式立交桥成为“城市湖泊”，一辆汽车熄火，尾随其后的数百辆汽车就要停止行驶。暴雨延续多时，整座城市交通瘫痪的严重性猛然增加。紧要关头，抢险人员既要救人拉车，又要抽水将水转移。到底救人重要，还是恢复交通优先，如何分配有限的救援力量，对“时间就是生命”的抢险救灾而言，构成巨大挑战。

而且，北京的水泥地面比比皆是，抽出来的水无法被蓄水池或土壤存蓄，无疑也加重了其他地方的下水负担。当交通拥堵时，人员大面积滞留，维系城市运转的人流、物流周转不畅，整座城市都深受影响。对北京这样一座人口、资源高度集中的特大城市而言，城市越来越大，人口越来越多，建筑越来越密，暴雨的冲击力越来越强，引发的关联效应也愈加深远，愈发难以预判。

作为一座历史悠久的文化名城，北京的建筑打上了不同时代的烙印。由于种种原因，北京城区不同地段的排水能力千差万别。位于北京中心的故宫，排水系统建于明朝，历经600多年风雨，排水性能始终稳如磐石。北京二环路以内，有面积颇大的积水潭、什刹海、北海，相当于天然的蓄水池。那些排水能力不强的地方，如果没有较高地势“护佑”，很容易沦为城市下水聚集地。“7·21”暴雨中，位于丰台的地下室大批进水，水“灌”房屋，波涛汹涌。逃生时，有人因为不能辨识电线不幸触电身亡。

北京城区不同地段的排水能力参差不齐，那些地势低洼、排水能力不强的地方首当其冲，成为内涝重灾区。但总体说来，城区多为坚硬的水泥地面，大面积的封闭地表增加了城市的"热岛效应"，加剧了暴雨来袭时的雨水汇集频率、强度，容易形成大小不一的地表径流和"城市湖泊"，在灾害表现形式上，多为阻隔交通的内涝，还不至于形成山洪、泥石流、山体滑坡等更具威胁性的自然灾害。

在北京远郊，房屋密度、人口密度小于城区，基础设施较为薄弱。当暴雨流过没有多少植被覆盖的山地丘陵，极易形成山洪、泥石流、山体滑坡等自然灾害。如果山洪暴发，泥石流、山体滑坡交相侵逼，席卷整个村庄，损失会异常惨痛。

由于城乡二元结构等多重原因，北京远郊的不少家庭以农业为生。当发生山洪、泥石流、山体滑坡等自然灾害时，靠天吃饭的农业生产不乏绝收之虞。就经济能力而言，远郊农村家庭的抗风险能力更差，甚至有可能因灾返贫，一场灾害使一个家庭瘫痪。

暴雨对城区、远郊的冲击效应各不相同，这是由城区、远郊两种不同的经济、地理、文化结构所决定的。在城区，大面积内涝阻滞交通，人们正常的生产生活秩序深受影响。当北京道路网络日趋复杂，一处被水淹没的下沉式立交桥就可让整座城市瘫痪。暴雨时间越长，"多米诺骨牌效应"越有可能深入城市生活的方方面面（见表1）。

表1　暴雨在城区的影响范围及主要后果

影响范围	主要后果
交通运输	1. 人员大面积滞留，正常交通秩序受到影响。 2. 物流中断。如果商品储备不充分，蔬菜瓜果等生活必需品价格上涨，对中低收入群体造成冲击。 3. 消防、急救等公共事业因交通中断难以展开
保　　险	保险业面临车险、财产险等诸多赔偿。实力不强的保险公司有可能无法支付巨额保费，导致破产
地面塌陷	1. 城区所受"雨伤"的地面增多，造成多点位地面塌陷。由于人们无法预知哪些地面何时塌陷，在微博、飞信等新兴媒体的讨论报道下，"步步惊心"的人们容易衍生大范围的恐慌情绪。 2. 当有人不幸遭受地噬时，事故责任、赔偿主体、灾害赔付额度难以认定
其　　他	为安全起见，人们不愿出门，旅游业、餐饮业、文化产业（主要是电影、博览会、书店）随之低迷

在远郊，暴雨激发山洪、泥石流、山体滑坡等自然灾害。整个村庄的屋舍、农作物有可能毁于一旦。山洪、泥石流、山体滑坡过后，生产生活资料被毁于一旦的民众，白手起家，重建家园的任务异常艰巨。在一些地质条件较差、不适合人员大规模聚居的村庄，人们被迫整体搬迁至地势较高、地质条件较好的安全地带。搬迁旷日持久，成本极高，且移民过后还要面对与新家园“磨合”、经济能力再造等诸多问题。

远郊在暴雨衍生的自然灾害面前更为脆弱，理应受到人们的更大关注。但由于城区聚合了大量的政治、经济、文化资源，当暴雨来临时，各种优质资源（包括多由行政力量主导的抢险救灾资源）容易在城区优先集中投放。城区也是各类新闻媒体报道的集中聚集地。经由新闻媒体的密集报道，暴雨灾害容易形成一传十、十传百、家喻户晓的扩散效应，这大大便利了救援力量的应声而动、及时跟进。远郊相对弱势、偏僻一些，聚焦、“发声”的能力不能同城区等量齐观。当灾难降临，远郊有可能因为不能向外“发声”，形成一些“寂静的死角”。当外界救援力量赶赴现场时，往往成为“事后诸葛亮”，错过了“黄金救援期”。

从上述分析可以看出，同城市紧密切合的“城市型洪涝灾害”具有以下基本特征。

（1）城区排水设施建设没有一以贯之的标准，不同地段的条条框框，千差万别。排水能力不强的地段成为城市积水的天然汇合处，风险随之集聚。

（2）城市是一个高度复杂关联的综合体。在中国城市普遍硬覆盖加剧的情况下，暴雨降临，多重风险交会叠加，直接、间接灾害错综复杂，直接、间接损失并存。防灾减灾的难度可想而知。

（3）暴雨引发城区地面多点位塌陷，塌陷地点、时间及灾害后果难以预测。在微博、飞信、手机等新兴媒体的交相渲染下，公众的恐慌情绪容易大范围蔓延，加重了城市的运行成本。

（4）缺少森林植被覆盖的远郊，容易生成山洪、泥石流、山体滑坡等更具危险性的自然灾害。部分地质结构脆弱的乡村有可能在短时间内毁损殆尽。

（5）政治、经济、文化处于相对弱势地位的远郊，同城区有“城乡之别”，在灾害报道、灾害救援等方面也相对弱势。当远郊个别村庄的对外通信、交通体系遭受破坏时，它们不能向外“发声”，极易沦为“寂静的死角”，酿成更大的苦难。

三 “城市型洪涝灾害”预防机制

如果“7·21”暴雨适可而止，对北京这样一座极度缺水、要靠“南水北调”供水的城市而言，无疑是一件好事。但是，北京脆弱的地下人工排水系统不能吸纳如此多的雨水，故引发波及面甚广的“城市型洪涝灾害”。截至2012年8月6日，经北京市防汛抗旱指挥部排查核实，遇难人数已达79人，其他损失也触目惊心。

亡羊补牢。当我们将目光聚焦在改造升级地下人工排水系统，指望雨水全部通过这一系统迅速排走时，未免只见树木不见森林。在这些年的快速发展中，北京的地下空间被层出不穷的电力、供热、供水、通信、光缆等管道占据，很难有足够空间供排水系统升级。即使人们投入巨资，“开膛破肚”的效果最终如何也是一大疑问。水是生命之源，生产之基，生态之要。当暴雨光临北京，我们不能仅将它当作城市负担。或许，蓄存与排水并重，抗洪涝与雨水再利用并举，城市经营与美化家园兼顾，更能让我们从容应对暴雨的冲击。

（一）扩充住宅小区的含蓄降水功能，恢复土地的海绵功能

住宅小区是居民居住的公共空间，也是北京建设的重要组成部分。为了将寸土寸金的土地用到极致，不少已建成小区多为“房屋+停车场+行人路面”模式。大面积的水泥地表将地面遮盖得严严实实，却也埋下相当多的隐患：①近郊菜地消失殆尽，所需蔬菜瓜果千里迢迢“进京”，推高运费及环境成本。一旦运输供应不继，价格相应波动。②封闭性地表越来越多，暴雨无法经由土地下渗，增加了城市内涝压力。③“热岛效应”笼罩，提升了城市异常天气生成的概率。

考虑到北京人口的集聚态势，北京的住宅小区数量将与人口增长一道齐头并进。如果所有小区都为大面积的封闭性地表，“城市型洪涝灾害”的治

理难度可想而知。鉴于小区多为“政府出让土地，开发商修建”的方式，必须订立标准，规定小区铺设一定面积的渗水地砖，兴建一定数量的蓄水池，让每个小区的土地都具有含蓄降水的海绵功能，减轻城市的排水负担。

（二）在一定范围辟建采用自然地表的公园，作为环境设施与蓄存雨水功能兼善的城市缓冲空间

“水者，地之血气，如经脉之通流也”[3]。“7·21”暴雨中，地下人工排水系统不能及时将水排出，地面形成大小不一的“城市湖泊”，地势低洼处跃升为城市的高危地带。为了营救困守人员，救生员甚至要坐上冲锋舟，数度涉险。由此可见，在不少天然河道被淹没后，相当数量的人工泄洪空间必不可少。

当前可行的办法是，政府“强化城市空间管治，设置开发强度的上限，严格限制城市土地水泥地连片发展”。[4]市区在一定范围内，由政府出面建设采用自然地表的公园。公园四围比周围地面低，里面栽树种草，挖湖浚流，平日供市民游玩。天降大雨，方便积水顺势进入，充当蓄水池。公园的存水，可作园林绿化、清洗街道用水，一水多用，顺带降低北京的用水负担。在北京已建成的部分郊野公园，可在四周增加一到两块砖的高度，方便积蓄更多雨水。

（三）在山区丘陵地带大规模植树造林，发展人与自然和谐共处的特色经济

北京坐落在山前小平原上，北有大、小汤山及相邻诸山，西有西山群落。繁茂植被覆盖的山体涵养了大量水源，不啻于一个个巨大的山体水库。20世纪90年代以来，城市化浪潮排山倒海。在人们的高强度开发下，门头沟的木材、房山的石材被源源不断运到城里，为城市建设添砖加瓦。当这些自然资源被挖走后，所在山体千疮百孔，留下巨大隐患。

在房山区金子沟村，“与金子沟村的水泥路并行，有一条河道。河道最宽处有7米左右，最窄处约有3米。一付姓男村民称，早年间河道有水，可做泄洪道。自上世纪90年代起，随着山体不断被开发，先是有煤灰被倒在河道中，尔后，开采水泥石所产生的石渣也被开采者倾倒于河道之中。久而

久之，河道常年淤塞，大部分河道已被填埋得与水泥路齐平。”[5]淤塞的河道任脱缰野马般的山洪呼啸而下，部分村民只能沿着崖壁向上攀爬，躲入山洞方幸免于难。

“人对区域的开发，人对资源的利用，人对生产的发展，人对废物的处理等，均应维持在环境的允许容量之内，否则，可持续发展将不可能为继。”[6]如果没有森林这类绿色水库的涵蓄作用，滂沱大雨将会必将促发山洪、泥石流、山体滑坡等自然灾害。雨过天晴，河流很快衰减、断流。在市政服务难以面面俱到的现实情境下，人们将一些建筑垃圾、生活垃圾顺手一丢，填满河道，植入更大的隐患。要杜绝此类悲剧再次发生，归根结底还是在于发展人与自然友善共处的生产生活方式。以绿色发展为理念，以绿色生活为导向，在大规模植树造林的基础上，大力扶持“农家乐”、观光农业、特色旅游等绿色生态经济，让金山银山与绿水青山两者兼得。

（四）在房山等传统“下风下水”地带辟建湿地，减轻城市下水压力

“7·21”暴雨中，重灾区房山所受损失尤为惨烈。不少村庄四面环山，或三面环山，雨水顺山而下，迸发山洪。山洪生成时间短，冲击力量强，流经方向变幻无定，大多数北方人又缺少与山洪“打交道”的经验。当山洪呼啸而来，人们猝不及防。那些建筑质量差、地基不稳的房屋轰然倒塌。有些村庄的通信、交通大面积中断，给外界救援带来相当难度。

从地理上看，北京的地势西北高、东南低，水库、河道分布不均。这一客观条件为某些区县带来排水便利，对某些区县则形成排水制约。北部的昌平、密云、怀柔，拥有十三陵水库、密云水库、官厅水库，可以承载大量雨水，顺带减轻了这些区县的排洪压力。位于“下风下水”地带的房山，地势较低，水库、河道严重不足，北京的诸多积水又要经过房山出境。因此，我们看到，当北京城区积水基本排干后，房山依然沉淀了大量积水，“千水万水过房山”。

鉴于北京特殊的地理条件，在房山等传统“下风下水”地带辟建一定数量的湿地，作为缓冲地带。当暴雨降临，依靠湿地植物减缓地面下水速度，吸收大量雨水，从而减轻这些地方的下水压力。

Urban Flooding Basic Characteristics and Prevention Mechanism

—7·21 Heavy Rains in Beijing as the Center

Fan Liangshu

Abstract: In the history, Beijing artificial river, natural river channel, provides considerable rain implicative and bear ability. Along with the accelerated urbanization process, the Beijing hard cover, different location drainage ability differ in thousands ways, combined with highly concentrated population resources, flood disasters and secondary disasters throughout the collision, triggered a series of "domino effect" . From these mistakes. Must restore the sponge functions of urban land, the construction environment beautification and the accumulation rainwater and good park, large-scale afforestation, go "accumulation and drainage, and resistance to flooding with rain water recycle, urban management and beautify their homes," a new type of water conservancy

Key Words: 7·21 Heavy Rains; Beijing; Urban Flooding; Environmental Governance

参考文献

[1] 张玉学：《二环路溺亡车主曾敲窗求救 致电妻子称打不开车门》[N]，《新京报》2012年7月23日。
[2] 马芷庠：《老北京旅行指南》[M]，北京：燕山出版社，1997，第208页。
[3]《管子·水地篇》[J]。
[4] 潘家华、魏后凯主编《中国城市发展报告No.5：迈向城市时代的绿色繁荣》[R]，社会科学文献出版社，2012，第74页。
[5] 张晗：《洪峰袭来，房山转移两万人》[N]，《南方都市报》2012年7月24日。
[6] 牛文元主编《中国可持续发展总论》[M]，科学出版社，2007，第6页。

小产权房现状与出路

◇黄顺江*

【摘　要】　虽然小产权房有违于我国现行的法律和政策，并存在着诸多弊端，但因顺应了城市化尤其是大城市郊区化的大趋势而得以快速扩张。目前，小产权房已成为城市住房体系中的一个组成部分，对保障住房民生需求发挥了一定的作用。今后一个时期，随着城市化进程持续快速推进，城市住房压力还会进一步加重。因而，有必要将小产权房纳入城市住房供应主渠道。为此，应正视现实，解放思想，勇于突破不合理的制度框框，采取有效措施，将小产权房引导到规范有序的发展轨道上来，并继续扮演好经济适用房的角色。这样，既可以化解长期困扰城市发展的小产权房难题，也有助于统筹城乡发展和新农村建设。

【关键词】　集体土地　小产权房　住房民生

所谓小产权房，就是指建造在农村集体土地上的“商品房”。按照城乡地域关系，人们居住和使用的房屋可以划分为城市房屋和农村房屋两类。小产权房就属于农村房屋，包括两种情况：一是村集体在公共土地上建造的集体房，二是农户个体或多户联合在其宅基地上建造的农民房。按照我国法律

---

* 黄顺江，博士，中国社会科学院城市发展与环境研究所副研究员，研究方向为城市经济、城市规划。

和政策，农村房屋只能供该集体及其成员使用，不得变卖给其他任何单位或个人。因而，城镇居民从农民或村集体那里购买房屋的行为是不合法的，购买到的房屋也不受法律保护，不能办理房产登记和过户手续，自然就领不到房产证。这类房屋，通常只有当地乡镇政府或村委会开具的买卖证明，因而被称为乡产权房、村产权房或小产权房（相应的，有正规产权的商品房称为大产权房）。事实上，小产权房并没有真正的产权。

一　小产权房发展现状与趋势

小产权房最早出现在1990年代初，至今已经存在二十多个年头了。其产生的背景大概有三个方面：一是城市住房制度改革已经启动，住房供给开始向市场化方向推进；二是城市土地制度改革步伐加快，逐步放开了国有土地，允许有偿使用；三是各个城市先后开展大规模的旧城改造，市区内的企业和单位陆续搬迁到郊区。于是，在1990年代，城市房地产市场得以启动。伴随着房地产市场的发展，小产权房也渐渐孕育和成长起来了。

小产权房主要有三个源头。

一是珠江三角洲地区的统建房。从1980年代初开始，借助毗邻港澳的有利条件，珠江三角洲地区最先吸引境外资金大规模进入，并由此拉开了改革开放后我国农村工业化和城镇化的大幕。由于工厂企业和外来人口大规模聚集，遂产生了对房屋的巨大需求。于是，一些村镇就在集体土地上建造厂房或住房，以供出租或出售。同时，许多农民个体或多户联合，也在自己的宅基地上扩建或加盖房屋，用于出租或出售。

二是各大城市的集资房。从1990年代初开始，为了缓解住房压力，国家鼓励有条件的单位集资或合作建房，并允许社会资金参与其中。这样，一些开发商就与村集体合作，一方出钱，另一方出地，兴建了大量的集资房。

三是江苏、浙江等经济发达地区的农民房。从1990年代中后期开始，这些地区的许多农民家庭勤劳致富之后，就在自己的宅基地上扩建住房，或买地甚至违法占地建造个人住宅（包括一部分城镇居民到农村建造的私宅）。这类房屋，大部分自住，但也有一部分是供出租或出售的。

另外，在北京、上海、广州等大城市，一些歌星、艺术家等暴富之后不再满足于城区内杂乱拥挤的居住环境，陆续到郊区一些环境优美的地方买地建造私人别墅，或直接购买闲置的农家院，以供闲居。

总之，小产权房在1990年代初就开始出现。但是，相比于今天，整个1990年代小产权房的数量并不多。原因主要有两点：一是当时绝大多数人的收入水平普遍偏低，工薪阶层主要还是依靠单位来分房；二是当时普通商品房的价格不是很高，小产权房并没有多大的价格优势。然而，进入新世纪之后，形势就发生了很大变化。2000年，全国各地停止了福利性分房，城镇居民不得不到市场上去买房。于是，一个时期以来一直处于萧条状态的房地产市场骤然升温，房价也一路看涨。这时，小产权房就有了市场。尤其是在2003年以后，由于商品房价格快速提升，大大超出了工薪阶层的承受能力，小产权房遂成为一部分人购房时的选择。由于小产权房的价格也在水涨船高，大城市郊区的一些村组、街道和社区，纷纷圈地搞房地产开发。于是，小产权房就蔓延开来。特别是在2007年，由于房价大幅度攀升，房地产过热，小产权房迅猛扩张。如济南，在2007年7月实施强拆风暴之前，市内5区和高新区共有145个村（居）违法实施旧村（居）改造，已建成小产权房住宅面积约700万平方米，还有约300万平方米的小产权房开工在建；在郑州，2007年惠济区已建成和在建的住宅小区中有95%都是小产权房；在珠江三角洲，小产权房在城中村和城郊地带更是以规模化的方式在拓展和蔓延[1]。

目前，全国到底有多少小产权房，还没有一个准确的数字。据国土资源部的粗略统计，截止到2007年上半年，全国约有66亿平方米的小产权房，大致占城镇住宅总量（约186亿平方米）的1/3。可以说，在全国各个城市周边，都有数量不等的小产权房存在，所占比例普遍在20%～40%。据报道，郑州、广州等城市小产权房数量约占其房地产市场总量的20%以上，北京、上海共占22%，西安占25%～30%，深圳最高，达到49%[2]。在广州，农民房出租曾占据了城市房屋租赁市场一半以上的份额。

自2007年底中央明令禁止小产权房买卖以来，出现了一些新的动向。一方面，在中央及地方政府的严厉管控下，小产权房疯狂蔓延的势头得到了有效遏制；另一方面，在一路攀升的高房价助推下，小产权房事实上仍呈扩张之势。于是，小产权房就出现了三个趋势：一是由村委会和开发商合作建造的小产权房（尤其是别墅类房屋）少了，而农民个人（或多户联合）在自己宅基地上建造的农民房却呈井喷状态，且普遍朝着高层化方向发展；二是小产权房大多改头换面，多以旧村改造和新农村建设的形式出现，或以“大棚别墅”“农业生态园”、养老公寓、旅游地产之类的名义存在；三是以租代售（租赁期可长达30年），或以“荣誉村民”的名分购买或使用。种种花招都是为了规避政策风险，小产权房数量不但没有减少，反而继续快速增长，只不过没有过去那么疯狂罢了。

二　小产权房的性质和作用

由于我国现行的法律和政策不允许在农村集体土地上进行房地产开发活动，其房屋也不得销售给城镇居民，所以小产权房的根本症结是不合法。由此，就带来了一系列问题和危害。

（一）问题

第一，由于小产权房是国家法令所禁止的，在其规划、建设、销售及使用等各个环节都缺少政府有关部门的参与和监督，容易留下各种缺陷。而且，一旦遇到问题或矛盾纠纷，有关部门很难处理，购买者或使用者也难以用法律来维护自己的正当权益。

第二，小产权房多由一些实力不足或不具备资质的开发商承建，建造标准偏低，质量无保障，甚至存在安全隐患，在日后使用过程中经常会遇到多种不便。同时，小产权房的物业公司也多由村委会指派，管理水平有限，服务能力较差。

第三，由于小产权房不具有合法性，不能上市交易，购买者难以实现投资收益的最大化。

第四，由于小产权房不合法，如遇政府征地或拆迁，购房者或使用者很难得到应有补偿。

第五，如果小产权房占用的是耕地，时刻面临着被拆除的风险。

（二）危害

可以说，小产权房是我国房地产市场上的一个怪胎，其存在必然会给社会经济发展带来一定的不利影响。小产权房的危害主要有以下几个方面。

第一，违反国家相关法律和政策。小产权房通常违背土地管理法、城乡规划法等多项法律以及中央关于禁止城镇居民到农村购买农民房或小产权房的规定，其泛滥不仅会对现有的土地、规划、建设、房屋管理及房地产市场秩序形成冲击，而且也使国家法律失去尊严，助长各种违法乱纪行为。

第二，违背城乡规划。小产权房大多不太符合城乡规划。一方面，目前我国乡村普遍缺乏规划，即使有规划，随意性也很大；另一方面，现行的村庄规划乃至村镇规划，与城市总体规划往往衔接得不是很好。如果小产权房在城市周边遍地开花，势必会对未来的城市发展总体布局（如重要功能区和重大基础设施建设等）产生不利影响。

第三，浪费土地资源。小产权房不在政府的土地供应计划之内，其发展难以控制。许多小产权房建在农业用地上，有的还占用了基本农田。即使不占用农业用地，将大量的农村集体建设用地（包括宅基地）投入房地产开发，也加快了农村土地向城市用地转移的步伐。这一方面容易造成农村建设用地不足（因为随着经济发展和人口增长，许多村庄自身的建设用地实际上也是非常紧缺的），另一方面也助长了城市蔓延和“摊大饼”，空间发展失控。如果任其发展，必然会加快土地资源消耗，最终威胁到国家坚守的18亿亩耕地红线。

第四，有损社会公平。无论小产权房的建造者和提供者，还是购买者和使用者，都钻了国家法律和管理上的空子，损害了社会公共利益而谋取自己的私利。这对于遵纪守法的开发商、村集体（及农民）、基层政府（及官员）和购买大产权房的市民来说，都是不公平的[3]。而且，小产权房开发过程各个环节，大多不规范，不透明，暗箱操作普遍。所获收益也大多由开发商和村委会占有，村民得到的很少。即使村民从中得到了可观的收益，也只是眼前的，失去的是长远的立足之本。所以，小产权房开发容易侵害农民的利益，影响到社会安定。

（三）作用

虽然小产权房不合法并存在着诸多问题，但在当前形势下还是有其实际作用的。

第一，增加了城市房屋供给。长期以来，住房一直是城市政府的一项沉重压力。这种压力主要来自两个方面：一是财政，二是土地。在住房制度改革之前，政府需要拿出很大的财力去建设住房。虽然现在是由市场来供应住房，但政府仍要支持保障房建设。如果保障房建得多了，政府财政也是难以负担得起的（这正是目前各个城市对建设保障房不积极的根本原因）。就土地来说，也是一项巨大压力。伴随着城市化进程的加快，土地越来越紧缺。在这种情况下，仅靠政府提供土地来建设房屋，显然是难以满足城市化进程要求的（一方面是由于城市自身可挖潜的土地资源越来越少，另一方面是因为政府从农村征地的成本越来越高）。小产权房开发，是社会资金与农村土地资源的直接结合，效率高，规模大，对增加城市住房供应作用显著。

第二，改善了城市住房供应结构。长期以来，我国城市土地供应渠道单一，致使房地产市场畸形发展。从市场运行的基础条件来说，主要受到两个方面的制约：一是将房地产开发限定在城市国有土地上，把周边农村的土地拒之门外，致使房地产市场呈孤立发展之势，缺乏一种建立在城乡资源互通互补基础上的动态平衡机制；二是将所有人的住房需求都推向存在着缺陷的住房市场（最严重的一条就是不允许城镇居民个人建房，也不准其到农村买房），必然会扭曲买卖双方的交易行为，致使交易向着卖方市场发展，房价呈刚性上升态势，缺乏回调机制。尤其是在我国居民之间收入差距不断扩大的背景下，穷人和富人都挤在一起去抢房，必然造成房价越抬越高，直到把穷人挤出市场为止。特别是在当前土地供应偏紧的形势下，开发商高价拿地的结果，必然是促使其走高端路线，即建设大户型、豪华化、高品位、低密度的住房，一句话，开发商只给富人盖房子。所以，我国的房地产市场是非常态发展的，其缺陷主要表现在缺少中低端（中低价位、中小户型）住房，这就为小产权房提供了市场。相对于大产权房来说，有六个因素促使小产权房能够保持低价位：一是土地没有上市，不用缴纳土地出让金；二是没有政府部门的参与，不用交纳相关税费；三是使用的主要是农村及社会资源，成本较低；四是建造房屋的技术标准大多偏低，质量一般；五是位置通常偏远，交通不太方便；六是房屋不进入主流市场交易，抑制了投机和炒作。这样，小产权房的价格通常是实在的，是广大市民能够接受的。小产权房填补了城市中低端住房缺口，是其长期以来虽屡遭打压但一直顽强地生存下来并不断扩张的根本原因。

第三，拓宽了城市住房供应渠道。小产权房更重要的意义在于其打破了政府的土地垄断，使住房用地供应走向多渠道、市场化，从而扩大了住房建设规模，并丰富了品种结构。从某种意义上说，小产权房才是真正的商品房。

第四，缓解了城市住房需求压力。对于城市发展来说，民众的基本住房需求是最重要、最关键的。只要满足了这部分需求，城市住房就没有太大的问题。就当前大城市来说，对基本住房需求最强烈的，主要有两大群体：一是中低收入家庭，二是外来农民工及流动人口。由于小产权房的价格比较适中，大部分卖给了中等收入的普通市民家庭[4]。对于外来农民工及流动人口，通常不在政府的考虑范围之内。由于这部分人收入水平和支付能力更低，他们只能选择城中村或郊区农村的农民房。如果没有小产权房和农民房的参与，各个城市（尤其是大城市）的住房将是一种什么样的紧缺状况，是难以想象的。

第五，为农村集体经济发展开辟了一条途径。当前，我国农村集体经济发展的路子越走越窄。一方面，农业的经济效益有限，目前还主要是粮食生产功能。即使种植蔬菜和瓜果，由于化肥、种子等价格不断提升，经济效益也不高。另一方面，长期以来对农村发展起支柱作用的乡镇企业，由于市场竞争和成本上升，在农村已很难生存，现在大多转移到了城镇。因而，农村经济急需开拓新的发展路径。在当前市场上，农村资源中最珍贵的是土地，而土地增值最快的途径就是房地产开发。凡是开发过小产权房的村集体，大多都能从中获得可观的利益回报，农民得到了实惠，村庄变了样。因而，城市郊区农村集体最有效的发展路径就是开发房地产。

第六，推动了大城市郊区化进程。小产权房主要建在城市周边农村地区，其开发推动了城市人口向郊区农村迁移，并由此拉动产业也向郊区转移与扩散，从而加快了郊区开发建设（即城镇化）进程，这就是郊区化过程。进入新世纪以来，我国各大城市均拉开了郊区化序幕。可以说，郊区化已成为当前我国城市化的主要形式。小产权房的发展，正是顺应了郊区化的大趋势，是城市内在发展规律的体现。所以，小产权房的“泛滥”，还有大城市郊区化的背景因素在起作用。

总之，小产权房具有典型的二重性。一方面，小产权房与我国现行的多项法律和政策相抵触，不具有合法性。另一方面，小产权房又在一定程度上弥补了房地产市场的缺陷和不足，部分缓解了城市住房需求压力，并顺应了新时期城镇化尤其是大城市郊区化的大趋势。从总体上说，小产权房的积极作用是大于其消极影响的。而且，只要采取措施，其弊端在很大程度上也是可以得到克服或纠正的，其作用还有进一步发挥的余地。因此，应客观、全面、正确地认识小产权房，并采取恰当的措施，趋利避害，使其更好地服务于城市发展。

三　城市住房未来走势及小产权房定位

不管承认与否，小产权房现已成为我国城市住房体系中的一个组成部分，对保障住房民生发挥了一定的积极作用。虽然社会各界对其褒贬不一，从中央到地方也一直持严厉打压态度，但从城市发展的角度来看，小产权房是去是留，关键要看其所发挥的实际作用。显然，这取决于今后我国城市住房形势的走向。如果今后城市住房形势逐步好转，住房民生不再是难题了，那就可以说小产权房没有继续存在的必要了。反之，如果今后城市住房状况仍难以好转，小产权房就有必要继续存在和发展下去。

首先，只要现行的土地和住房政策不变，今后一个时期我国城市的住房紧缺状况就不可能有根本性的改善。这要从供求两个方面说起。从供给方来说，未来一个时期，我国城市住房数量不会有更快的增长，原因有两点：一是我国人多地少的基本国情及持续快速城市化对土地的旺盛需求，就决定了住房土地供应将是长期偏紧的，而且会越来越紧；二是现行的财政体制也决定了各地政府不可能敞开供应土地去建造住房。住房用地的紧缺，必然导致住房供应量增长缓慢，甚至不断缩减。从需求方来看，我国经济的持续快速发展，必然导致住房需求在今后一个时期内仍将是强劲增长的：一是城镇化所带来的新增城镇人口的基本住房需求还会持续扩大，二是人们生活水平稳步提高所产生的改善性住房需求增长也将是旺盛的，三是住房紧缺将会刺激投资性需求进一步膨胀。因而，在未来一个时期内（大约 10 年左右），我国城市住房供求矛盾不可能有根本性的缓解，甚至还会进一步恶化。

其次，从当前我国经济社会所处的发展阶段来看，住房民生难题今后可能会进一步凸显。事实上，我国城市住房之所以会成为一大难题，并不仅仅是因为住房紧缺，在很大程度上还与人们之间快速拉大的收入差距有关。当前，财产性收入已经成为许多城市居民收入的重要来源，个人拥有住房的多少将会直接影响其收入和社会地位。因而，高收入者今后会更加看重持有住房，从而继续把房价维持在高位，使中低收入者只能望楼兴叹。也就是说，房价继续上升将是大趋势，城市（尤其是大城市）住房民生难题今后可能会更加突出。

再次，单靠压抑投资和投机性购房需求，并不能从根本上解决城市住房民生难题。要想稳定或压低房价，就必须增加房源。只有房子多了，供需平衡了，甚至供大于求，房价才能够稳定或有所回落。显然，目前靠政策手段通过限购来排挤投机、投资或外来买房者，是很难稳定房价的，也无助于解决住房民生难题（当前各大城市的房价即使下降一半，仍然是偏高的，大多数居民家庭照样买不起房），近几年的房价调控实践已经充分证明了这一点。事实上，正是在政府一次次出台打压措施的“激励”下，大城市房价才一波波冲高的。

最后，目前各地正在大规模建设的保障性住房，虽然可以缓解部分住房压力，但也不是解决住房难题的长久之策。我国政府充分认识到住房问题的紧迫性和严重性，并已着手大规模建设保障性住房：2011 年已开工建设 1043 万套，2012 年开工建设 781 万套，2013 年开工建设 630 万套，整个“十二五”期间共计划建设 3600 万套。如果保障房建设按计划完成，城市住房民生状况将会得到明显改善。但应该认识到，这样大规模的保障房建设是不可能长期持续下去的。原因很简单，照这样的力度建设下去，各地财政负担不起。所以，政府当前的保障性住房建设计划，只能是应急之举（事实上很大程度上是在偿还历史欠账），而非长久之策。政府保障房的目标，主要是针对一小部分特殊困难群体（这也是政府必须做的）。但是，如果指望政府来解决大多数中低收入人群的住房难题，是不现实的（那样等于重回计划经济时期由政府提供福利性住房的老路，显然是走不通的）。

综上分析，可以得出两点认识。第一，在今后一个时期内，随着城市化进程的继续快速推进，我国城市住房民生状况很难得到根本性的改善（尤其是在大城市），如不采取措施，很可能会进一步加重。第二，目前实施的房地产调控政策措施对于解决城市住房民生难题都不是长期有效的办法。

在这样的形势下，有必要将小产权房引入保障城市住房民生需求的轨道[5]。而且，只有小产权房才是解决城市住房民生难题的现实选择。理由有三：一是小产权房早就“入市”，已经成为城市居民现成的“经济适用房”，其市场地位是既定的；二是小产权房有农村土地资源做后盾，可以大规模建设，用来解决城市居民的住房难题在数量上不成问题；三是小产权房是通过市场的渠道去开发建设的，不用政府费心，也不增加财政负担，简单易行，成本低廉，可持续性强。

更进一步说，只有小产权房才是解决城市住房难题的最终出路。不要说政府主导建设的保障房，即便是商品房，将来也是难以持续下去的。这是因为，城市土地是有限的，而农村土地则是相对宽裕的。城市要发展，就必然要扩占土地。而新扩占的土地，自然会超出市区的范围，进入周边农村地盘。但是，农村土地是归村集体所有的。根据我国的法律制度和有关政策，虽然政府可以根据城市发展的需要去征用农村土地，但要予以经济补偿和人员安置。按照现行的征地和拆迁补偿标准，农民和村集体的利益往往是受损的，所以他们并不情愿。为了维护自己的土地权益，农民和村集体总是想方设法去自行开发土地，以避免被政府廉价征用。小产权房，事实上就是农民和村集体与政府在土地开发权益上的一种博弈。随着农民权利意识的觉醒，还像过去那样，政府通过行政手段随意廉价征用农村土地而去开发建设商品房（并从中赚取巨额利益）的路子，今后将会越来越难走。即使在一个时期内还可以继续推进，但由于征地拆迁成本越来越高，最终也还是走不下去的。唯一的办法，就是让农民和村集体自主地参与到土地开发过程中来，并从中获得最大的收益。小产权房走的正是这条路。所以，小产权房是大势所趋，它不仅是解决城市住房民生难题的唯一途径，也是城市房地产发展的最终出路。

如果将小产权房纳入城市住房体系，今后城市居民的住房将有两条供应渠道：一条是由政府提供的国有土地上的房屋（包括商品房、经济适用房、公共租赁房和廉租房等），另一条是由农村集体提供的集体土地上的房屋（即小产权房）。商品房主要供应的是城市中高收入群体，而经济适用房和小产权房主要面向中低收入群体，公共租赁房和廉租房则主要保障特殊贫困群体的住房需求。另外，作为小产权房中的两个特殊类型——别墅（豪宅）和农民房，则是分别面向高端人士和外来农民工（及流动人口）。也就是说，在不放松保障性住房建设的同时，只要将小产权房纳入城市住房供应主渠道，住房难题就会从根本上得以化解。

四　将小产权房纳入城市住房供应体系的政策措施和建议

随着我国城市化进程的持续推进，将小产权房引入房地产开发主渠道是大势所趋。然而，这与现行的土地制度和房地产政策是互相矛盾的。对此，应本着实事求是的态度，积极转变思想认识，大胆创新，勇于突破一些不合时宜的旧框框，为小产权房松绑，使其由麻烦和问题转化为解决城市住房民生难题的有效手段和推动城乡统筹发展的一大动力。

首先，承认小产权房的合法性。虽然小产权房为我国现行的土地制度和房地产政策所不容，但与《宪法》并不矛盾。我国宪法明确规定：农村土地属于农民集体所有。这样，农民和村集体就应该对自己所拥有的土地享有充分的权利，包括处置权和收益权。不允许农村集体在自己的土地上建造商品房和不允许城镇居民到农村购买房屋的政策规定，是没有充分法律依据的。这实际上是对农民和市民应有权利的剥夺，是缺乏正当性基础的。小产权房已经存在二十多个年头了，现已成为城市住房体系中一个重要的组成部分。所以，正视现实，给予小产权房以合法地位，是历史的必然。如果继续视而不见，不仅会影响到小产权房作用的发挥，而且还会积累更多的矛盾和问题，从而给城市发展带来严重的不良影响。

其次，合理定位小产权房。承认小产权房的合法地位，并不是说要将小产权房纳入商品房体系，以商品房来同化小产权房，而是要继续维持当前的房地产市场结构，使小产权房独立于商品房。小产权房建造在农村集体土地上，属于农村房屋。这样，将城市（国有土地）房屋与农村房屋区分开来，就形成两个独立的市场体系。这两个市场体系不是封闭的，而是联通的、互动着的。当农村房屋进入城市住房市场，就成为小产权房。小产权房要居于从属地位（相当于经济适用房，继续维持目前的低价位），成为城市住房体系的补充。这样，小产权房既能缓解城市住房压力，又不会给现有的房地产市场带来较大冲击。而且，这也更有利于农民和农村集体：将小产权房的开发建设和经营管理完全置于农民及村集体的权利范围内，使他们有机会主动地直接参与到城市化进程中来，促进自身发展和能力提升。

再次，科学规划和严格规范小产权房。必须承认，目前小产权房是有缺陷的，甚至问题百出。但应认识到，这些问题的出现，主要是缺乏管理造成的。只要小产权房合法了，对其管理规范了，这些问题在很大程度上是可以避免的。所以，承认小产权房的合法地位，并不是说让其放任自流，而是必须借机加以管理，使其走上规范、有序的发展轨道。为此，必须制定好发展规划，将小产权房开发建设纳入当地新农村建设和村镇发展规划。同时，小产权房开发建设还必须符合城乡总体规划和土地利用规划，并制定出一套行之有效的管理规则。

最后，明确小产权房的性质和法律地位。要想妥善处理小产权房，必须回归《宪法》。只要坚守《宪法》赋予农村集体对土地的所有权利，一切问题就可以迎刃而解。在《宪法》面前，农村集体对其所拥有的集体土地，与（城市）政府所拥有的国有土地，具有同等的法律地位：一方面，村集体与（城市）政府地位平等；另一方面，二者对各自所拥有的土地，具有同等的支配权（同地同权）[6]。同国有土地一样，对集体土地的权利可以分解为使用权和所有权两个层面。所有权永远归村集体，而使用权则是可以出让和流转的。这样，如同商品房与国有土地的关系一样，小产权房是与集体土地关联在一起的。小产权房也可以自由买卖。小产权房出卖时，其所在的土地也一同出让。小产权房土地的使用期限，可以为70年，或更短（如50年）。这样，不管小产权房在谁手里，其下面的土地永远属于原村集体。只要使用期满，村集体就可以收回小产权房所在的土地。这样，在地位平等、同地同权的原则下，对小产权房就可以如同商品房一样进行管理，只是归属于农村集体罢了。

在农村集体与（城市）政府地位平等、集体土地与国有土地同地同权、小产权房与商品房并行互通的原则框架下，有关部门可以仿照商品房来拟订具体的小产权房管理和税费征收条例（但应大幅度简化和减低），并对现行的土地、房地产等一系列法规和政策作相应的调整[7]。

另外，为了促进小产权房规范有序地发展，还必须严格遵守以下几项基本原则：

一是维持国家土地制度基本稳定，严禁个人买卖土地；

二是不能占用耕地，必须严守18亿亩耕地红线；

三是小产权房开发必须以村集体为主导，并与新农村建设相结合，土地开发收益主要归村集体，但应上缴相关税费；

四是近期可将小产权房开发限定在村庄现有建设用地范围内。这样，既可以推动旧村改造和新农村建设，又能避免滥占耕地。

只要坚持好以上几项原则，小产权房开发建设和经营活动就不会出现大的问题，而且会迎来新的发展高潮。

The Status and Way of Informal Property Houses

Huang Shunjiang

Abstract: Informal property houses are built in rural collective lands and illegally sold to citizens. Although forbidden by laws, they develop rapidly and spread widely in the way of urbanization and suburbanization. Now informal property houses are a part of urban housing system and play a role in the livelihood housing. We must face up to the reality and break through stereotypes of land laws. The informal property houses should be legalized and incorporated into urban housing supply system for lower income citizens, similar to economically affordable houses.

Key Words: Collective Land; Informal Property House; Housing Livelihood

参考文献

[1] 程浩：《小产权房发展现状及其成因分析》，《经济与社会发展》2009 年第 2 期，第 51～56 页。

[2] 任洪英：《小产权房的现状分析及解决办法》，《中国集体经济》2010 年第 1 期（下），第 115～116 页。

[3] 王晓慧：《小产权房问题解析》，《国土资源通讯》2007 年第 21 期，第 42～46 页。

[4] 邹晖、罗小龙、涂静宇：《小产权房非正式居住社区弱势群体研究——对南京迈皋桥地区的实证分析》，《城市规划》2013 年第 37 卷第 6 期，第 26～30 页。

[5] 王双正：《工业化、城镇化进程中的小产权房问题探究》，《经济研究参考》2012 年第 33 期，第 30～56 页。

[6] 蔡继明：《小产权房的历史与现实》，《人民论坛》2012 年第 7 期（上），第 54 页。

[7] 黄顺江、海倩倩：《小产权房的发展动因与解决途径》，见潘家华等《中国房地产发展报告 No. 8》，社会科学文献出版社，2011，第 327～333 页。

低碳发展与铜陵资源型城市经济转型升级研究

◇周正平*

【摘　要】　发展低碳经济是促进经济结构调整的重要手段，是建设资源节约型、环境友好型社会的重要途径，是推进资源型城市转型、建设幸福铜陵的具体行动。本文从低碳经济概念和国际经验出发，在客观描述铜陵市经济发展基本特征的基础上，阐述低碳发展与铜陵资源型城市经济转型升级的关系，进而从科学发展与可持续发展的角度，提出促进铜陵市经济转型升级的有效措施。

【关键词】　铜陵　低碳　转型升级　循环经济

资源型城市是以自然资源开采、加工为主导的城市类型，我国目前共有118个资源型城市。资源型城市作为国家自然资源开发的重要基地，其转型发展关乎国家资源安全和区域协调发展战略大局[1]。资源型城市一般面临着以下问题：产业结构单一，主要以原材料、初级产品加工为主，科技含量不高；产业能耗较高，工业节能减排的任务繁重；优势主导资源面临枯竭，历史遗留问题较多[2]。铜陵以铜立市、因铜兴市，是中国青铜文明的发祥地之一。但是经过半个多世纪的大规模开采，铜陵主导矿产资源日益枯竭，工矿

* 周正平（1972～），男，安徽和县人，铜陵学院副教授，主要研究方向为经济管理、循环经济。本文的研究得到安徽省自然科学基金项目KJ2011Z372、铜陵市发展与改革委员会研究项目资助。

城市的生产模式难以为继。根据《安徽省铜陵市创建国家资源型转型示范市实施方案》数据，到2010年，全市7座大中型铜矿山中已有5座关破。2001年以来，全市每年铜矿石产量仅在500万吨左右，铜精矿原料自给率仅为6%左右，特别是生态环境破坏严重，历史包袱越积越重，转型发展势在必行。

可见，资源型城市转型的问题，归根结底是经济发展方式转变和产业升级的问题，而科技含量高、能源消耗低、环境污染少的低碳经济发展方式，将成为资源型城市可持续发展的重要有效路径。

一 相关概念界定

（一）关于低碳

低碳经济是以低能耗、低污染、低排放为基础的经济发展模式。低碳经济的实质是能源高效利用、开发清洁能源，其核心是能源技术创新、制度创新和人类生存发展观念的根本性转变。随着全球人口和经济规模的不断增长，高污染高排放带来的环境问题不断地为人们所认识。在此背景下，“低碳技术”“碳足迹”“低碳产业”“低碳城市”和“低碳社会”等一系列新概念、新政策应运而生[3]。

（二）关于经济转型升级

经济转型升级是指一个区域从低附加值转向高附加值，从高能耗高污染转向低能耗低污染，从粗放型转向集约型。发展低碳经济是促进经济转型升级的重要方式，根据联合国环境规划署报告《里约20年：追踪环境变迁》，2011年，全球可再生能源投资达到2501亿美元的历史纪录，在今后40年内，全球每年应增加1.9万亿美元投资推动绿色经济发展。根据国家发展和改革委员会《“十二五”节能环保产业发展规划》的数据，到2015年，中国通过发展低碳经济，技术可行、经济合理的节能潜力将超过4亿吨标准煤，可带动上万亿元投资，高效节能产品市场占有率将由目前的10%左右提高到30%以上，将有效促进国家经济转型升级。

二　国外资源型城市低碳转型的经验

（一）“升级模式”资源型城市转型

德国鲁尔区钢铁产量占全国的70%，煤炭产量高达80%以上，经济总量曾占到德国的1/3，但过度开采使资源趋于枯竭。①改造传统产业。政府制定了产业结构调整方案——“鲁尔发展纲要”，将采煤集中到赢利多和机械化水平高的大矿井，同时采取优惠政策改造煤钢业。此外，各级政府还大力改善当地交通基础设施、兴建高校和科研机构，为鲁尔区的发展奠定了基础。②扶持新兴产业。政府、工业协会及工会等联合制定了“鲁尔行动计划”，旨在掌握结构调整的主导权。优惠的政策和扶持措施，使得鲁尔区的信息、电子信息等“新经济”工业迅速发展。③因地制宜的产业结构多样化。德国政府制订了“矿冶地区未来动议”，随后又实施了“欧盟与北威州联合计划”，其目标是形成鲁尔区各具特色的优势行业和实现产业结构多样化。例如：杜伊斯堡发挥其港口优势，成为贸易中心，并建立了“船运博物馆”；多特蒙德依托众多的高校和科研机构，大力发展软件业；埃森凭借广阔的森林和湖泊，成为当地休闲和服务业的中心等。

经过数十年的发展，鲁尔区实现了经济结构转型。如今大部分矿山和钢铁厂关闭了，在煤炭污染过和炼钢炉烧烤过的土地上，绿荫环绕着高科技产业园、商贸中心和文化体育设施。在鲁尔区穿行，如同行走在一个巨大的露天公园里。

（二）“复兴模式”资源型城市转型

20世纪70年代，美国匹兹堡地区因资源枯竭出现了企业倒闭、工人失业、社会问题丛生等现象，成为美国衰退最严重的大城市之一。①重大的建筑计划。在政府和工商界的努力下，交通拥挤的无轨电车被地铁线路取代，新的摩天大厦雨后春笋般地兴起，后现代主义风格设计的匹兹堡优质厚板玻璃公司建筑群非常惹眼。例如，金融家梅隆动员工商界人士支持减少煤烟、修复闹市区的市政建设计划，在市长劳伦斯的大力推动下，民主党的政府与共和党的议会合作，创造了匹兹堡清洁的空气、漂亮的楼群、高速公路和防洪水坝。②周密全面的住房解决方案。20世纪60年代，匹兹堡中产阶级和中下阶级的住房问题仍未得到解决，匹兹堡突破以往的做法，不仅设法让中产阶级搬进来，而且还为本市的贫穷居民提供廉价住房，在吸引富裕的年轻专业人员搬进空房的同时，帮助许多贫困家庭留下来。③全力发展中小企业。理查德·索恩伯格是匹兹堡复兴的第三个关键人物。他认为振兴宾夕法尼亚州经济需要创办机器人、电子计算机、生物工程、高效能源和无线电通信等各种各样的小型企业，使宾州的经济多样化。

（三）“再造模式”资源型城市转型

20世纪60年代末，因资源、环境和技术条件的变化以及外部的竞争压力，法国洛林决心实施“工业转型”。①彻底关闭消耗大、污染重的企业。如虽有煤炭资源，但因井深开采，吨煤成本高于世界市场价格，所以采取了放弃生产的政策；根据国际市场的需求，重点发展核电、计算机、激光、电子和汽车制造等高新技术产业；用高新技术提高钢铁、机械、化工等行业的技术含量和附加值。②将转型同国土整治有效结合。成立了国土整治部门，负责解决衰老矿区遗留的土地污染、闲置场地等问题；创立了受影响工业的专项基金，企业关闭后，迅速在老矿区建居民住宅、娱乐中心，或作为新厂厂址，或植树种草。③创建企业创业园。由国家资助非营利的“孵化器”，为新创办的小企业提供各种服务，如创造厂房、车间、机器、办公室等条件。在转型的推动下，洛林10人以下的小企业星罗棋布，占全部企业的91%。④洛林把培训职工、提高技能作为重新就业的重要途径。尽管洛林的转型成本巨大，但成效显著。原来的工业污染地，变成了蓝天绿地、环境优美的工业新区，整个地区由衰退走向了新生。

以上资源型城市转型经验表明，无论是改造传统产业、发展新兴产业、推进产业升级，还是实施产业结构多样化，从本质上来说，都是促进资源型城市工业由高碳化向低碳化方向发展，由产业单一化向产业多样化发展，由污染型产业向清洁型产业发展，而这些发展的方向都与低碳经济密切相关。因此，我们相信，资源型城市经济转型的本质是低碳发展，资源型城市转型升级的根本动力是科技创新。所有的资源型城市及资源型城市都必须及早因地制宜，发展替代产业，培育科技含量高、附加值高、具有广阔前景的新兴产业。同时改造和提升传统产业，实现产业结构升级，提升自身的积累能力和竞争力。而在低碳时代背景下，资源型城市可以借助时机，实现跨越式发展，努力推动产业向低碳经济转型，促进低碳产业体系的形成，实现低碳城市的建设目标。

三　资源型城市的高碳化特征

概括而言，铜陵市资源型经济发展有以下几个显著特征。

（一）工矿城市为主，行业高碳化明显

在20世纪50~70年代，矿山生产、粗铜冶炼和普钙肥生产几乎是铜陵市唯一的工业经济，新中国第一炉粗铜就是在1953年5月1日由铜陵市第一冶炼厂产出。铜陵是一座典型的资源型工矿城市，数十年来，铜陵市根据自身特点，发展了有色金属、化工、建材、电子、纺织等支柱产业。根据《铜陵市资源型城市经济转型规划（终审稿）》，2009年，铜陵市建材、电力、钢铁、有色、化工等六大高耗能行业增加值为139.54亿元，占工业增加值的比重为65.67%。高耗能产业主导工业经济，反映出铜陵市行业高碳化明显。

（二）“二三一”的格局，产业结构高碳化明显

根据《2012年铜陵市国民经济和社会发展统计公报》的数据，2012年，铜陵市实现地区生产总值（GDP）621.3亿元。其中，第一产业增加值11.0亿元，增长6.0%；第二产业增加值456.3亿元，增长

11.1%；第三产业增加值153.2亿元，增长11.0%。第一、第二、第三产业增加值在地区生产总值中的比例，由2011年的1.9∶74.7∶23.4变化为1.9∶73.4∶24.7，工业增加值占地区生产总值的比重为68.1%。由于工业发展根深蒂固，第三产业产值比重很难超过第二产业，这反映了产业结构高碳化的倾向。

（三）工业化的初级阶段，企业高碳化明显

长期以来，铜陵市形成了以矿业开发和冶炼为主体的重工业体系，重工业比重一直维持在90%左右。20世纪90年代后，随着金隆、铜陵海螺等一批国家级重大项目开工，铜陵有色金属、硫磷化工和水泥生产等重化工业领域的发展速度明显加快，同时传统的轻工业如纺织等逐渐萎缩，而新兴的轻工业产业如医药制造、农产品深加工等又难以壮大起来，导致轻工业比重逐年下降，重工业比重逐年上升，到2007年重工业产值比重达到95%的水平。从重工业内部结构来看，目前仍然以金属冶炼、建材和化工等原料型工业为主体，装备制造业尚处于起步阶段，深加工工业发展缓慢，技术密集型工业发展尚未起步。这些都说明，尽管铜陵市重工业发展已有60年历程，但仍处于工业化的初级阶段，而且是重工业化过程中由原料型工业向加工型工业过渡的初级阶段。在工业化的初级阶段，企业生产不可避免地出现高污染、高能耗、低产出即“二高一低”的局面，企业的高碳化也较明显[4]。

可见，受资源型产业的影响，资源型城市体现出生命周期的特征：随着资源型产业的兴起而开始建立，随着资源型产业的快速发展而迅速发展，资源型城市逐步发展成一个区域的经济中心或工业基地，而到资源枯竭之时，资源型产业开始萎缩，随之资源型城市也面临衰退。如果资源型城市要实现可持续发展，就必须摆脱单一资源与产业的束缚，尽早实现资源型城市的低碳转型。铜陵市以工矿城市发展为基础、第二产业比重过大、工业经济发展处于初级阶段等特征表明，铜陵市作为典型的重化工业城市，需要积极探索出一条新型工业化下的资源型城市低碳发展之路。

四　促进铜陵资源型城市低碳发展的重点领域

（一）推进重化工业领域高碳产业低碳化

作为高耗能、高污染的资源型城市，铜陵市重化工业领域必须转变经济发展方式。一是运用高新、适用技术，提升有色金属冶炼、火电、基础化工、水泥、钢铁等高碳产业的技术装备、生产工艺水平和能源利用效率，强化对重点企业的节能减排监管，加强对重点用能企业的目标管理和考核。二是加快淘汰落后生产能力，提高高能耗、高排放行业节能环保市场准入门槛，强化生产许可证管理。

（二）积极发展低碳排放和新能源产业

一是大力促进铜陵市已有的电子信息、装备制造、新材料、节能环保和生物医药等高新技术产业园；二是注重发展产业集群，重视产业集聚效应，重点建设铜产业园、国家电子材料产业园、PCB 产业园、光电产业园等深加工、附加值较高的产业园；三是大力推进太阳能利用，开发太阳能利用新产品，积极利用太阳能进行光伏发电，重点建设“金太阳”工程；四是积极发展碳排放量少的现代服务业，重点发展生产性服务业。铜陵市有较好的地理、交通和经济区位优势，工业经济基础较好，发展第三产业，特别是与生产相关的物流业具有良好的条件，未来铜陵市将把第三产业作为经济发展的重要内容，这也是经济转型、产业升级的重要努力方向。

（三）加快推进碳汇产业和农业领域的低碳发展

一是大力开展森林固碳，继续实施植树造林、退耕还林和天然林资源保护等政策措施，优化树种结构，加快速生林建设，增加林木蓄积量。二是不断提高城市绿化率，积极推进绿地固碳。三是大力推进东湖、西湖、天井湖等湿地工程建设，增强固碳能力。四是充分利用农业的剩余能量，大力推广秸秆气化技术，积极推进农村沼气工程建设，同时大力促进农村可再生能源发展。

（四）积极推进建筑节能

一是以低碳理念进行城市规划、改造和建筑设计，合理配置中心城区居住、公共服务和商业设施。二是积极推进建筑设计、用材与施工节能一体化，推广应用绿色节能建筑技术，运用太阳能、地热等可再生能源，组织建设一批节能建筑示范工程[5]。三是机关、医院、学校等公共建筑要实施节能措施，加快城区道路、公园、广场等公共区域节能照明改造步伐，实施低碳化社区示范工程。

（五）大力倡导低碳型生活方式

倡导市民在衣、食、住、用、行等日常生活中，养成随手关灯、节约用水等良好的低碳生活习惯。提倡生活节俭，反对铺张浪费。引导住房节能装修，鼓励采用节能的家庭照明方式和科学使用家用电器。鼓励乘坐公交车和使用新能源交通工具。

五　铜陵资源型城市低碳发展的策略

（一）重视资源型城市低碳发展的“顶层设计”

规划是发展的蓝图，同时也是发展的路线图，规划更是战略目标实现的可靠保证。当前的重点是在出台《关于促进发展低碳经济的意见》的基础上，积极组织专家编撰《铜陵市发展低碳经济试点实施方案》和《2011～2020年铜陵市低碳经济发展规划》，引领铜陵市低碳发展的全局。这些规划应有破有立，“破”的精神在于，以低碳发展为抓手，改变当前产业结构的格局；“立”的精神在于，既立足于现有产业，又高于现有产业，走新型工业化道路，实现资源型城市的转型升级。

（二）政府主导规范低碳发展的市场体系

发展低碳经济是推进铜陵市科学发展的全新课题，政府应大力主导规范低碳发展的市场体系。一是推进能源、资源、环境性产品及服务的价格信号导向机制建设，特别是完善资源性产品的定价机制，逐步使价格能够反映资源的稀缺程度、市场供求关系和污染损失成本；二是推广能源资源消耗、污染物排放的标准体系及第三方监测机制；三是制定“谁污染谁付费”的责任延伸机制；四是适时推出节能环保服务企业专业化运营机制等[6]。

（三）不断完善发展低碳经济的相关政策

铜陵市在认真贯彻执行国家和安徽省节约能源的相关法律法规、政策文件的同时，及时出台了《推进工业企业节能降耗工作的实施意见》《综合能源消耗考核制度》《节能降耗资金管理办法》《节能奖励办法》《节能攻坚工作计划》等节能文件，为高碳经济低碳化发展提供了政策支持。另外，还应进一步完善相关的支持政策。一是应在中央补助地方清洁生产专项资金、对部分资源综合利用产品免征增值税等鼓励性政策方面积极作为；二是要调整财政支出结构，加大对低碳产业、低碳技术的投入力度，支持节能产品的推广和使用；三是重视科技对低碳经济发展的推动作用，加大对关键技术和新技术的应用力度，特别是对使用自主创新产品的要给予鼓励。

（四）全面推行清洁生产

铜陵市应认真贯彻《中华人民共和国清洁生产促进法》和《清洁生产审核暂行办法》，全面推行清洁生产，加大清洁生产审核力度，从源头上削减污染，节约和合理利用资源。具体来说，一是要建立比较完善的清洁生产管理体制和实施机制，加快制定重点行业清洁生产标准、评价指标体系和强制性清洁生产审核指南；二是要建立推进清洁生产实施的技术支撑体系；三是设立清洁生产发展基金，拓展资金渠道，制定清洁生产激励政策；四是逐步培育一批清洁生产示范企业[7]。

（五）发展循环经济，促进低碳发展

一是加快循环经济示范市建设，积极推进将循环经济工业试验园创建为国家级循环经济示范园区，科学规划铜陵市生态工业园区能量梯级利用方案，加强生态园区余热回收工作，构建园区余热官网系统。二是大力推广新技术、新工艺，减少物质能源消耗和污染物排放，提高资源利用效率。积极鼓励企业开展余热、余压利用，支持热电联产项目建设[8]。

Low-carbon Development and Economic Upgrading of Tongling City Resource-based

Zhou Zhengping

Abstract: Promote the development of low-carbon economy is an important means of economic restructuring, is building a resource saving and environment-friendly society an important way, is to promote the transformation of resources cities, is specific actions. In this paper, the concept of a low carbon economy and international experience, an objective description of the basic features of economic development in Tongling City, based on low-carbon development, described the economic relationship between the transformation and upgrade, and then from Tongling scientific development and sustainable development point of view, made the promotion of economic transformation and upgrading of effective measures.

Key Words: Low-carbon; Transformation and Upgrading; International; Circular Economy

参考文献

[1] 国务院发展研究中心应对气候变化课题组、张玉台、刘世锦、周宏春：《当前发展低碳经济的重点与政策建议》[J]，《中国发展观察》2009年第8期。

[2] 庄贵阳：《中国发展低碳经济的困难与障碍分析》[J]，《江西社会科学》2009

年第 7 期。
[3]《“低碳经济”概述及其在中国的发展》[J],《经济视角（上）》2009 年第 3 期。
[4] 赵忠玲:《低碳经济下的资源型城市转型瓶颈研究》[J],《资源与产业》2011 年第 6 期。
[5] 张旺峰:《基于生态足迹的资源型城市土地利用低碳模式的探求》[J],《生态经济》2010 年第 11 期。
[6] 范宪伟:《基于低碳视角分析资源型城市产业转型——以白银为例》[J],《城市发展研究》2012 年第 1 期。
[7] 杨眉:《低碳经济时代下资源型城市发展模式研究》[J],《商业时代》2012 年第 1 期。
[8] 梁晶:《循环经济发展模式浅谈》[J],《河北企业》2010 年第 1 期。

从传统到近代的煤炭城镇

——以山东颜神、河北唐山、河南焦作为例*

◇薛　毅**

【摘　要】　在中国从传统到近代的城镇发展历程中，大体有政治、经济、军事、文化、交通等几种城镇类型。在经济城镇中，除了农业、手工业、商业等类型之外，还有以山东颜神、河北唐山、河南焦作为代表的煤炭城镇。这些煤炭城镇大多源自古代的煤窑，发展方向大多是煤矿城市和区域经济中心。总结和研究历史上一些因煤而兴的城镇历史，探讨这些城镇采煤业发展与当地社会经济的关系，对于当今发展乡镇煤矿和推动工业化、城镇化进程，促进地方社会经济的发展不无裨益。

【关键词】　煤炭城镇　颜神　唐山　焦作

在中国古代，早期的城镇主要以军事行政职能为主。到了宋代，由于农副业和城乡手工业的发展，城乡间的商品流转较前增加，城镇开始摆脱军事色彩，一些贸易市镇出现在经济领域。由于交易的需要形成了定期的市集，其中一部分逐渐发展成为城镇。所谓城镇，一般指完全脱离或部分脱离农业，以从事工商业为主体的，拥有一定的地域，非农业人口相对集中的社会的、经济的、地理的实体。随着手工业的不断发展，中国出现了前所未有的

---

* 项目名称：国家社会科学基金项目“20世纪中国煤矿城市发展史研究”（项目编号：10BZS056）。

** 薛毅（1954～），男，教授，硕士研究生导师，主要研究方向为中国近代经济史、中国煤矿史。

新型城镇，其中包括矿冶城镇。在清代乾隆年间，中国矿产开采规模不断扩大，云南有的铜矿已有上万人的规模，广东佛山的冶铁规模也十分可观。同时出现了一些因采选、运输、销售煤炭而形成的煤炭城镇。截至目前，国内学者对区域城镇化的探讨已取得不少成果，多集中在江南市镇、古代城镇史、宋代草市镇（乡村墟市）、四川盆地市镇、广西近代圩镇等方面。外国学者的研究也有涉及，例如美国学者施坚雅著有《19世纪中国的地区城市化》（载施坚雅主编、叶光庭等译《中华帝国晚期的城市》，中华书局，2000）等。国内学者的一些研究有涉及煤炭城镇的，例如侯仁之的《淄博市主要城镇的起源和发展》（见侯仁之：《历史地理学的理论和实践》，上海人民出版社，1979）、官美堞的《古代工矿市镇——颜神镇的形成和发展》（《文史哲》1988年第6期）等。但对煤炭城镇的专门研究尚未看到。实际上，从古代到近代，一些用手工生产煤炭的煤窑和最初采用机器生产煤炭的煤矿在经过或长或短时间的发展后，均演进到城镇阶段。探讨从传统时期到近代出现的煤炭城镇，不仅是研究中国煤矿城市发展史的题中应有之意，而且对于丰富中国的城镇研究，了解煤炭产地的辐射网络，建立以煤炭产地为中心的经济区，有着重要的意义。目前，在中国15000家煤矿中，相当一部分属于乡镇煤矿。总结和研究历史上一些因煤而兴的城镇历史，探讨这些城镇采煤业发展与当地社会经济的关系，对于当今发展乡镇煤矿，推动中国工业化、城镇化进程，促进地方社会经济的发展不无裨益。限于篇幅，本文仅以具有代表性的山东颜神、河北唐山、河南焦作早期因煤而发展成为城镇的历史及演进为例证。

一　中国古代最早的煤炭城镇：山东颜神镇

在古代中国，与经济关系密切的城镇主要有三种类型：生产性城镇、流通性城镇和消费性城镇。生产性城镇中的煤窑以及以煤炭为主要燃料的手工业已是很少依赖或基本脱离农业的专业化生产，流通性城镇主要是农副产品的集散地，消费性城镇主要是社会上层及军队的消费场所。而煤炭市镇往往兼具生产性、流通性、消费性三方面的特性。这方面的代表是山东的颜神镇。

早在宋代，由于生产力的发展和生产关系的变化，国内不少地方出现了由于经济原因而兴起的城镇，例如山东就存在商业型、地方市场型、产业型三种类型的城镇。[1]这些城镇主要集中在德州、滨州、东营、济南等黄河下游和济水流域。随着城镇数量的增加，城镇的分工日趋精细。有的是交通要津，有的是商品交换集中的地方，有的是较大规模开采各种矿产资源的地区。从目前掌握的资料来看，地处山东淄博的颜神镇应是中国古代最早的煤炭城镇。

颜神镇地处山东省淄博市。这里周代为齐国属地，汉代分别隶属于莱芜、般阳两县。隋朝属于淄川，唐宋延之。关于颜神地名的由来，据清代乾隆年间出版的《博山县志》卷1记载："周末齐国西南郊长城岭下之北鄙，有孝妇颜文姜居岭下，殒面有神，故后世目其地为颜神。"据史料记载，颜神最初仅为一普通的村落，后因当地盛产煤炭，金代时改村为店，到了元朝改店为镇。

颜神镇四面环山，地寡土瘠。因山多地少，沙瘠地居多，这里经常发生水旱灾害，长期以来当地百姓生活异常困苦。颜神地下蕴藏有丰富的煤炭、铁矿石、铅、铝、矾、黄丹、陶土、焦宝石、紫石、马牙石等矿产资源。特别是煤炭，不仅储量丰富，而且埋藏较浅，易于采掘，采用简单的生产工具和少数人力便可投入生产。采出的煤炭既可满足家庭生活需用，又可通过肩挑车推运至附近的集市换取粮食、布帛等生活、生产用品。于是，颜神的采煤业从宋代开始逐渐兴起。

颜神镇人孙廷铨在清代初年曾任吏部主事和兵部尚书，著有《颜山杂记》。他在这本书中记载了颜神人最初从事采煤业的原因和经过："孝乡（指颜神镇）山多田少，则得粟难，若是而不疾作也，则饥甚，故其民力力焉。凿山煮石，履水蹈火，数犯难，而不息，凡为饥驱也。此虽不耕不织，犹夫自食其力也。顾烧琉璃者多目灾，掘石炭者遭压溺，造石矾者有暗疾，炒丹铅者畏内重，纵谋而获亦孔劳矣。然则孝乡之多艺也，以其民贫也，其无弃货也，以其土瘠也。"[2]在颜神，煤炭主要蕴藏在西河、黑山、万山、安上、山头、石炭坞、八陡、福山等地。颜神镇境内储藏的煤炭厚薄不均，“高者倍人，薄者及身，又薄及肩，又薄及尻”[2]。颜神煤窑最初的组织形式应是以家庭成员为主要从业人员。随着采煤规模的扩大，颜神出现了“份子井”。这种井“一般需8~10个劳力，是口径二三米的竖井，凿至10米左右后横凿，成高1米宽1米的坑道，采掘者便可爬行采煤。从这样的井下采煤，所需材料很简单：辘轳1个，粗绳数条，条筐若干，鹤嘴镐3把，照明灯5盏。早期份子井上的生产关系是平等互助的关系，他们是自愿组合的。”[3]份子井不存在雇佣劳动关系，由自愿参加的家户共同出资金、工具、劳动力组成。上面提到的8名左右的劳动力大体分工是：提升人员（把手）3人、采煤工（镢头）3人、井下搬运工（筐头）2人。在生产现场的分工并非一成不变，从事提升、采掘、运输的人员可以酌情轮换。

颜神早期的采煤方式主要是残柱式采煤法（又称房柱式）。即“井底凿洞，一洞分数洞，随掘随运。炭厚则洞高，炭薄则洞卑”。[4]凿井见煤后即开拓巷道，再沿着巷道两壁开采出一个个煤硐，俗称“炭窝”，就是采煤工作面。每个煤井“炭窝”多少不一，小井5~7个，大井10多个。残柱采区布置是：沿煤层走向开运输巷道，再沿煤层倾斜开数条巷道，巷道宽度为薄煤层2.5~3米，中厚煤层2米，巷道两侧留10~20米的护路煤柱。然后将煤层切割成若干长宽各10~15米的方形煤柱，备日后回采。回采煤柱叫“穿采”，“穿采”有“一字形”和“十字形”两种形式。“穿采”煤硐宽2~4米。两硐之间留维护顶板小煤柱，俗称“马腿”，一般不回采。采空区顶板，任其自行塌落。手镐刨煤，人工拉筐运输。

除了煤炭，遍布颜神全镇的黏土和焦宝石是烧制陶瓷的原料，马牙石、紫石、黄丹、矾等是生产琉璃的原料。采煤业的发展带动了颜神陶瓷业、琉璃业的发展。开凿煤井必然要挖掘出来不少与煤炭共存的陶瓷、琉璃等的原材料；而生产陶瓷和琉璃时，煤炭又是必不可缺的燃料。采用煤炭烧造陶瓷，使颜神出产的瓷器在瓷质、色泽、光洁度等方面有了质的飞跃，因此颜神的瓷器远销关外和黄河流域各省。由此可见，采煤业与陶瓷业关系密切，互促互进。颜神的琉璃业也很发达，是颜神镇的第三大行业。琉璃在当地也称料货，业此者被称为炉匠。琉璃产品种类众多，大多属于装饰品，例如屏风、珠穿、帐钩、灯罩、灯壶、烟嘴、棋子、瓶子等，远销周边各省市县。煤炭业、陶瓷业、琉璃业很早就成为远近闻名的颜神镇三大支柱产业。

由于陶瓷、琉璃、冶铁等产业的不断发展，对煤炭的需求越来越多，颜神的采煤规模也越来越大。到了清代康熙年间，当地的煤井“有至二三百尺深者，炼而为焦，以供诸冶之用”。[5]后人将颜神古代的煤窑分为四等：井深20米左右的为份子井，40米的为小煤窑井，40~100米的为中煤窑井，100米以上的为大煤窑井。100米以上的大煤窑井一般有窑工百余人，日产煤炭40吨左右。随着采煤规模的扩大和人员的增多，井下生产有了明确的分工，有了主要从事管理的人员。“里中武断规取山场，纠众敛钱攻采。主其事者必曰井头，率徒下攻者曰洞头，收发钱财者曰账房，此三人者权莫大。输钱出分者，谓之攻主。”[6]用今天的话来讲，“井头”应为经理，是资方的代理人，掌管经营管理大权；“洞头”是区队长或班组长，负责率领工人在井下生产；“账房”是财务部门负责人，掌管钱财的收支。文中的山场业主，是掌握矿地权的所有者；“徒”指的是窑工。古代颜神的采煤人员多来自当地，多为季节性窑工。在农闲时（一般从农历十月到第二年四月）从事采煤业，其他时间则以务农为主。

由于颜神镇盛产煤炭、陶瓷和琉璃等，一些外地人纷纷来到这里就业谋生。煤炭、陶瓷、琉璃等手工业的发展，带动了颜神镇商业贸易、运输等业的发展。到了“金元时期，颜神镇的商业已相当发达；到明清时期，工商业均居全国前列，且萌发了新的资本主义生产关系”。[3]1557年，山东巡抚批准在颜神镇创筑石城一座。该城设四座城门，于1559年告竣。

在自给自足的封建社会，颜神生产的煤炭、陶瓷、琉璃等产品已不是为了满足当地居民的需要，更多的是为了拿到市场上去交换。交换必然带来运输、商业贸易的发展。一般而言，煤炭城镇拥有自己相对固定的贸易范围或商业腹地。贸易范围一般以交通所能达到的地区为限。到了明代中期弘治年间，官府在颜神设置了行台；到了清代雍正年间设置了博山县，颜神镇成为博山县城所在地。由于这里盛产煤炭、陶瓷、琉璃等，“四方商贩咸聚于此”。颜神成为方圆数百里内的贸易中心和物资集散中心。1734年，颜神镇始属博山县，当时有12362户，7207丁，折算35953人；1775年为13900户，81100人；1845年为25925户，164318人。[7]另据清代乾隆年间修撰的《博山县志》卷2记载："……大街，长三四里，民居稠密，商货往来，多由于此。"到了民国初年，颜神已有"银号10家、酒行60家、杂货行5家、药材行4家、炭行30余家、窑业行40余家。他若饭馆及零星售卖为数甚多"。[8]

随着采煤等行业的发展，到了金元时期，官府开始在这里设立征税机构——税课司。税课司所在地后来被命名为税务司街。对此《颜神镇志》卷1曾有记载："河滩之西，起于叠道，北至沙沟为税务司街，其民多贩瓷器。"到了清代乾隆年间，颜神镇的"大街，长三四里，民居稠密，商货往来，多由于此。北出大街渡河而西，民多业琉璃，为西冶街……范河门外倚河滩者为北关街，中途东转者为北岭街，民多冶瓷窑"（乾隆年《益都县志》第2卷）。

因煤而兴的颜神镇在古代就引起众多文人学士的关注。舆地学家顾祖禹的《读史方舆纪要》、历史学家顾炎武的《天下郡国利病书》和地方名流王士祯的《香祖笔记》等著作中都对颜神镇有所记述。

进入近代，颜神的采煤业进入新的发展阶段。1882年（清光绪八年），德国著名的地质学家李希霍芬（Richthofen，Ferdinand von，1833～1905）在对中国进行7次地质调查后撰写了《中国》一书。他在书中记述了他对颜神镇所在地的观感："博山县是我直到现在所遇到的工业最为发达的城市，一切在工作着、动着。这个城市有着一个烟厂区的烟熏火燎的面貌，浓浓的烟云表示各个工厂的地点。因为这里优良的矿坑产出色的煤，很早就已经促使各种工业的产生，而这些工业通过若干世纪发展下来。"[9]有港澳学者认为："最早从事中国近代工业化史的研究者，应属晚清时期在华的外国学人，其中德籍地理学者李希霍芬（Richthofen）最为著名。他早在1870年代已在中国内地进行煤铁等矿的考察，并以通讯形式在上海各报刊陆续发表。"[10]李氏是德国著名的地理学家和地质学家，曾担任柏林大学校长，他对颜神所在地的评价无疑是有一定分量的。

二　国人近代最早建立的煤矿城镇：河北唐山镇

到了近代，镇逐渐成为一级行政区单位和起着联系城乡经济纽带作用的较低级的城镇居民点。镇与乡村有明显的区别：镇是以非农业人口为主的居民点，在职业构成上不同于乡村；镇一般聚居较多的人口，在集中居住的人口数量上区别于农村；镇中的建筑密度一般大于农村；镇上有一些公共设施，在物质构成上不同于乡村；镇是一定地域的政治、经济、文化中心，在职能上有别于农村。除了传统的城镇，近代中国开始出现多种类型的工业城镇，诞生于1898年的唐山镇应是国人在近代最早建立的煤矿城镇。

唐山位于河北省的东部，地处环渤海湾中心地带，是连接华北、东北两大地区的咽喉要道，与北京、天津成三足鼎立之势。唐山有着悠久的历史。据《唐山市志》记载，唐山所属的“迁安县爪村和玉田县孟家泉遗址出土的文物证明，早在旧石器时代晚期，就有人类在这块土地上劳动、繁衍和生息，濡水（今滦河）、鲍丘水（今蓟运河）等河流两岸，均留下其生产、生活的足迹”。[11]唐山早期原本是荒地，直到1117年才开始编屯置村，人口逐渐增多。当地居民主要务农，也有少数居民从事采煤和制陶。

关于唐山地名的由来，传统的说法是得名于市区中部的大城山，大城山原名唐山。据清光绪年间出版的《滦州志》记载：“相传后唐李嗣源曾屯兵于此，立石城二百余丈，基址尚在。又后唐姜将军斩蛟有功，葬于此，后人建庙祠之，山以唐名，实由于此。”[12]这种说法认为，唐山之名始于后唐李嗣源屯兵和姜将军斩蛟龙。关于唐山地名的由来除此之外还有三种说法，即唐太宗东征高丽屯兵说、明代唐氏首先发现产煤说、清光绪年间唐廷枢发现产煤说。[13]

唐山矿产资源非常丰富，而且种类多、储量大、易开采。20世纪90年代探明的矿产资源有47种，[14]主要有煤炭、铁矿石、石灰石和矾土等。唐山是中国焦煤的主要产区，是全国两大铁矿区之一。据史书记载，从明朝起唐山地区即有一定程度的开发。“唐山土民之祖先，多系由山东省枣林庄迁移而来者。”[15]后来的唐山居民也有的来自山西、山东等地。迁来的移民屯田垦荒，盖房筑屋，聚成自然村落，最初的地名多以屯命名，例如乔家屯、马家屯、刘家屯等。开平“煤矿初设之地乔家屯，原仅是一个 18 户人家的小村庄”。[16]明永乐三年（1405 年）开平中屯卫从真定府移驻今唐山陡河、石榴河一带的旧石城废县，旧石城县便因驻军的名称改为“开平”。这样一来，在距今唐山市区约 10 公里处便出现了一个军事重镇——开平镇。唐山镇就是从这里兴起和发展起来的。

早在明朝永乐年间，当地居民已经凿石挖煤，“数千百穷苦之民，赖此矿产为生计”。[17]据滦县、丰润的旧志书记载：“当地煤田掘地二三丈即可得煤；自明朝初年，居民就在这里挖窑采煤，用于取暖煮饭。当地人既用火点燃煤块生火，又把煤面和水制成煤饼、煤球，因此，称煤为‘水火炭’，又称‘烟煤’。最初，明政府‘恐泄山川之气’，屡次下令禁止。明成祖永乐年间，时开时禁。唐山、开平一带居民不断冲破禁令，挖窑采煤。从明初至清朝，这里的采煤业逐渐得到了发展。”[18]到了清朝初年，“开平东北方缸窑、马子（家）沟、陈家岭、凤山、白云山、古冶等处，民间开煤者，不下二三十处”。[19]由于当时开采煤炭主要依靠手工工具，且无法克服地下水的困难，“较浅的煤坑只能提供微量的煤炭，输出的煤炭是很少的”。[20]

19 世纪 60 年代洋务运动兴起后，天津成为早期洋务运动的中心之一，近代军事工业、军用和民用轮船都需要大量的煤炭。洋务运动初期兴起的企业最初依赖外国进口的煤炭。由于当时中外关系变幻莫测，洋务派担心一旦中外关系紧张，“闭门绝市”，洋务企业必将“废工坐困”，“寸步难行”，[21]于是，李鸿章于 1876 年委派上海轮船招商局总办唐廷枢会同英国矿师马立师（Morris）到唐山勘察。唐廷枢经过调查发现：“滦州所属距开平西南 18 里之唐山山南旧煤穴甚多，土人开井百余口”。[22]经过一段时间的准备，包括将开平生产的煤炭寄到英国由该国著名的化学师巴施赖礼、戴尔等人化验，官督商办的开平矿务局于 1878 年 6 月正式成立，唐廷枢担任该局总办，它标志着中国第一个采用机器开采的大型煤矿正式诞生。同年 10 月，开平矿务局办事机构从开平镇迁移到唐山办公。由于开平煤矿的创办有李鸿章的支持，因此它可以享受很多特权，从而保证了开平煤矿的建设得以顺利进行。

开平煤矿是采用西方先进技术建成的，最初的工程技术人员主要从西方国家聘请。据有关资料记载，到1878年底，矿局“雇用了9个英国矿师与工头”。[22]煤矿的提升、通风、排水等采用机器设备，管理则引进了当时西方国家先进的管理方式。开平煤矿在开采过程中注重经济效益，使它成为洋务运动中经营最成功的煤矿之一。正如郑观应所言：“年来禀请开矿者颇不乏人，独数开平煤矿办有成效。”[23]

煤矿的兴起与发展，离不开近代交通运输条件的支持。开平矿务局成立后，为了将开平生产的煤炭运抵天津，投资14万两银子，专门挑挖了一条运煤河。这条河“于芦台镇东起，至胥各庄东止，挑河一道，约计70里，为运煤之路”。[22]这条运河在芦台与其他内陆运河系统相连，可将开平煤炭运往塘沽、天津以及运河下游一带。与此同时，又修筑了唐山至胥各庄全长约20里的铁路。伴随着煤炭生产、运输、销售体系的形成，开平矿务局的煤炭产量迅速增加。1882年的产量为38383吨，1898年达到731792吨，[24]1899年的产量达到778240吨。不但取代洋煤占领了天津市场，而且远销旅顺、烟台、牛庄、香港等地。

在修筑铁路的同时，开平矿务局于1889年购买了4艘轮船，既运输煤炭，也兼运其他物资和乘客。次年，轮船增至8艘，载重量达8300吨。据当时的天津《国闻报》记载：“开平矿务局来往南北各口轮船，于自运本局煤金外，兼揽载客货，搭趁仕商，客位生意蒸蒸日上，实与招商、怡和、太古三公司旗鼓相当，别树一帜。”开平矿务局“所有厂房机器、运船码头、栈房和地亩项成本，共值银500万两，在中国今日亦可谓一极大产业矣”。[25]此时的唐山已从一个由明代移民组建的农耕聚落逐步演变成矿区，煤矿的兴起和发展，有力带动了附属及相关产业的兴起和发展，唐山修车厂、启新洋灰公司、唐山陶瓷厂、华新纺织厂等企业标志着机械、水泥、陶瓷、轻纺工业应运而生。同时带动了众多劳工向唐山移民和聚集，带动了矿区社会空间的建构。因具备较强的煤炭供应能力和便利的交通运输能力，唐山的产业结构开始向多元化发展。这些企业大量招收工人，使唐山由乡村发展成为城镇。唐山开始有了街道，原有的几个自然村扩大相连形成更大的聚落。1882年唐胥铁路通车后，市区又沿着铁路两侧发展。铁路和矿场成为唐山的中心，生活居住区和工厂区围绕城市中心混杂发展，铁路穿越和分割城区。1877 年，开平煤矿创办时当地仅有百多户人，人口不足两百人。“1879～1886 年间开平矿务局陆续买下 740 余亩土地，建造了机器厂房、办公用房等建筑，以乔屯镇为中心的周围 12 个村逐渐聚集，这些村包括原属滦州的乔屯、马家屯、刘家屯、城子庄、石家庄、小佟庄和原属丰润县的老谢庄、达谢庄、宋谢庄、郭谢庄、王谢庄和陈谢庄等。”[26] 到清光绪二十二年（1896 年）唐山矿周围的六村已有 512 户、3978 人。[11] 由于煤炭的大规模开采和人口的不断增长，开平贸易逐渐向唐山转移，邮电、金融、商业等迅速发展，使得唐山从一个乡村发展成为一个城镇。从 19 世纪 80 年代开始，大广东街、小广东街、山东街一带逐渐成为煤矿的高级员司和技工的住宅区，沿街两侧主要是商业门面。随着新的工矿企业不断增加，越来越多的人口向唐山聚集，从而带动了唐山矿区地域的扩展和配套设施的不断完善。这些人口来自四面八方，从而打破了传统自然经济的狭隘性和地方性。

1898 年，官府正式设立了唐山镇，隶属于滦州。最初的唐山镇以乔屯为中心，以后陆续扩展到滦州、丰润县分属的 12 个村庄。早期的唐山镇只有公安机构，并无独立的行政机构。在行政上，12 个自然村仍分别属于滦州和丰润县，处于警权与政权分离状态。这一时期，唐山修车厂迅速扩大，细绵土厂、华记唐山电力厂、德胜窑业厂、马家沟耐火砖厂、华新纺织厂等较大企业相继建立，机械、冶金、铸造、造纸、食品工业相继问世。山东、河南等地的农民纷纷前来谋生。随着人口的不断增长，农副产品的生产和加工业迅速发展。这种发展态势不仅使唐山镇的规模不断扩大，而且形成了以唐山为中心的城乡商品交流经济格局，使唐山成为当时北京以东最大的物资集散地。最初开平煤矿的技术人员以广东人居多，这些人以同乡之谊聚居在一起，唐山随之出现了主要以同乡聚居区命名的广东街、山东街等，以商品集散为特色的粮市街、鱼市街、柴草市街、北菜市街，以地标命名的车站街、东局子街等。为了便于招募矿工，东局子街附近设立了“工夫市”。整个唐山主要沿矿场周围和京山铁路两侧发展。矿场的西北部地势较高，风景优美，成为外国职员（主要是英国人和比利时人）独占的住宅区；西部主要是中方职员的住宅区；其他人员多居住在矿场北部和广东街东部。

唐山设镇后，清政府于1899年在这里建立了大清邮政分局。到了1902年1月，这里已开通了9个电报站，联系调度矿区与秦皇岛、天津、北京、上海之间的煤炭发运、销售、车皮供应等业务。[27]随着镇的发展和人口的聚集，各类小商小贩从四面八方向唐山涌来。最初商贩们主要在煤矿和铁路附近摆摊设点，后来逐渐形成了一些商业街道，广东街、粮市街逐渐成为唐山的商业中心。到19世纪末，唐山商号已有百余户。[11]

随着煤矿的不断增加和扩大，唐山的人口不断增长。到了1922年，唐山已有8.5万人。1925年6月，北洋政府内务总长龚心湛在第3317号《政府公报》中发布了临时执政令，公布了唐山所在的直隶省所属各地施行市自治制日期及区域令，要求唐山在1925年建市，“唐山市以唐山镇为其区域”。这是唐山历史上第一次被明令建市。有学者认为：“唐山称市，名义上存在一段时间。实际上这种‘自治’市只是一种工商‘自治’组织，虽设立‘市政公所’，但并非一级行政机关，只是隶属滦县的唐山镇的代称而已。不过，从此以后唐山市与唐山镇的名称同时并存下来。”[28]这种状况一直维持到抗日战争全面爆发。1935年12月，汉奸殷汝耕在侵华日军的策动下，在通县成立了“冀东防共自治政府”。1937年8月，“冀东防共自治政府”由通县迁到唐山办公。1938年1月，“冀东防共自治政府”明令设立唐山市（政府地址在民兴街10号，今路南区解放路北段东侧），并任命冀东自治参议会议长屈玉灿担任市长，从而结束了唐山镇的历史。

三　外国在中国最早建立的煤矿城镇：河南焦作镇

在中国近代煤矿发展的历程中，有一些煤矿随着煤炭工业的不断扩大逐渐形成了城镇，成为煤矿城市的雏形。其中外国在中国最早建立的煤矿城镇，当属20世纪初由英国福公司在河南建立的焦作镇。

焦作历史悠久，据《焦作市志》记载：“孟县子昌村裴里岗文化证明，远在8000年前的新石器时代，这里就有了村落。”[29]《禹贡》分天下为九州，焦作属冀州之域覃怀领地。焦作春秋属晋，战国属魏，秦归三川郡，西晋至隋朝属河内郡。焦作地名最初为焦姓手工作坊的简称。明隆庆六年（1572年）的《重修圣佛寺记》碑中有“焦家作”的记载。目前的焦作市仍有马作、白作、靳作、耿作、李贵作、六家作、大家作等地名。焦作有着丰富的矿产资源，已探明储量的有煤炭、硫铁、石灰石、耐火黏土、白云岩、陶瓷土等30多种。其中煤田面积近1000平方公里，地质储量为91亿吨，探明储量为37亿吨，煤种主要为无烟煤。据《焦作市志》记载：“煤炭远在隋、唐时期就开始土法开采；宋代就用手工作坊生产；元代土窑已相当普遍；明朝煤炭开采已具相当规模，民间和手工业对煤炭的利用更为广泛；清朝小煤窑星罗棋布，从事采煤的工人已逾万名。”[29]这些无疑为英国福公司19世纪末在河南省北部地区兴建煤矿、修筑铁路等提供了重要的依据。

1898年6月21日，在西方国家竞相在中国划分势力范围的背景下，英国福公司（英文名称为Peking Syndicate）与河南豫丰公司在北京清政府总理各国事务衙门签订了《河南矿务章程》。其中第一条的内容是：“豫丰公司禀奉河南巡抚批准，专办怀庆左右、黄河以北诸山各矿。今将批准各事转请福公司办理，限60年为期。”其中的怀庆即当时管辖焦作的怀庆府。英国福公司获得在焦作周边地区的采矿权后，随即委派一批勘探人员前来勘测。这些人员所到之处，“无论坟墓庐舍，往往插一红旗，扬言国家需用，不许稍动，动则治以死罪”。[30]1899年，以英国工程师葛拉斯为首的勘测队经过实地勘察，提出了具体的调查报告。报告认为焦作地区煤铁储量丰富，质量优良，开采成本低廉，外运煤炭需要建筑铁路。正当福公司派遣大批人员源源不断地来到焦作着手开凿煤矿、勘察铁路线时，声势浩大的义和团运动波及焦作，福公司被迫将其在焦作的人员暂时撤离。义和团运动被镇压下去后，福公司卷土重来。为了提高福公司的地位，当时的英国驻中国公使萨道义推荐长期在中国居住的英国驻上海总领事哲美森担任福公司在中国的总董事长。

哲美森（Jamieson G.，1843～1920），有时译为泽煤盛、詹美生，英国外交官，1864年来到中国，1891年担任英国驻上海领事兼“大英按察使司衙门按察使”，1897～1899年任英国驻上海总领事。英国人在焦作创办的煤矿名称和镇的名称最初就是以哲美森的名字命名的。

1901年11月，英国福公司在准备投资建设焦作煤矿之前，曾委派工程师柯瑞前往矿区勘探矿地，绘图贴说，这应是较早的对矿区的设计与规划。[31]据史料记载：“福公司泽煤盛窑厂坐落修武下白作地方，其窑厂东西175丈9尺，南北39丈9尺。此次所指矿界，自窑厂墙外起算，正东界至周庄靳万邦地内，记3中里；正南界至东王褚程邦瑞地内，计3中里；正北界至阎河毋清泉地内，计3中里；正西界至田涧卢会堂地内，计5中里5分；西南界至嘉禾屯卢来运地内；西北界至春林高学书地内；东南界至姜河岳天贵地内；东北界至岗庄李芶创地内；四面栽立界石10处，合计面积60方里5668方丈又41方尺。除去村庄10处、祠庙4座、旧窑4个，合3方里10062方丈。”[32]文中的中里即华里。

福公司在焦作早期的“工厂、矿山和铁路雇佣了3000中国人，此外，还有25名欧洲技师。矿区占地1000亩（约合150英亩），并已修筑了一条宽阔的街道。两旁是苦力的茅屋和销售中国人通常使用的奢侈品的商店，包括澡堂、理发店和按摩院。如我们已经看到的，‘詹美生’虽然其存在不过两年，却是一个充满了生活和进步的租界区，而全区的统治者李德先生已经在后悔他不曾取得比原来1000亩更多的土地”。[33]

上文提到的李德全名是亚历山大·李德，他当时的职务是福公司总工程师。1904年3月，李德在上海向《捷报》记者提到：“他从来不放松每天上午8点钟在矿区门首悬挂英国国旗，并且要由威海卫兵团组成的中国警卫向国旗致敬。他宣称，福公司并不如它的一些朋友想象的那样软弱。他并且指出，对这个英国企业提出最不友善的批评的人，是英国人自己。福公司一旦在河南把英国的旗帜挂起来了以后，就不愿把它取下来让位给俄国人或其他任何人。”[34]

随着煤矿投产和铁路通车，焦作的煤炭、竹器、“四大怀药”等源源不断地运往外地；京津杂货、苏杭绸缎等商品也越来越多地进入焦作。英孚、美孚和俄国的大华等石油厂商相继在焦作设点销售。“所有四乡农产咸会于此，以备各地采购者；而津沪各地之运销无烟煤者，莫不派员驻此采办。”[35]福公司还敦促清政府派驻军队和司法机关对哲美森镇进行公共管理。不久，清政府在哲美森镇设立了弹压所，委任怀庆府镇台署理所务。[36]为了保证煤矿、铁路、铁矿等方面对技术人才的需要，福公司于1909年3月1日在哲美森镇兴建了焦作路矿学堂。该学堂先后易名为福中矿务专门学校、福中矿务大学、焦作工学院等名称。中华人民共和国成立后先后迁往天津、北京、四川、江苏徐州等地，目前的名称为中国矿业大学。1910年，清政府以西焦作为中心成立了焦作镇，隶属修武县辖。从20世纪初到1937年抗日战争全面爆发，哲美森镇（即焦作镇）就成为英国福公司在中国的活动基地和大本营。

上述的山东颜神、河北唐山、河南焦作在煤炭城镇的基础上都发展成为中国重要的煤矿城市。在颜神镇的基础上，经过数百年的发展，先后建立了博山县、德华矿务公司、淄博矿区、淄博矿务局、淄博工矿特区、淄博市等。在煤炭工业的带动下，铝、水泥、耐火材料等工业相继在淄博建成投产。经过20世纪70年代以来的产业调整，淄博已从一个煤矿城市转型为具有长期发展能力的综合性城市。河北唐山则随着开滦煤矿的发展，到20世纪30年代已成为一座包括煤炭、机械、水泥、陶瓷等在内的综合性工业城市，成为冀东地区政治、经济、文化中心。到20世纪后半叶，唐山已形成以煤炭、钢铁、电力、建材、机械、化工、陶瓷等骨干行业为主导，拥有较强矿产资源开发和加工能力的资源型工业格局。其中煤炭、钢铁、电力、建材、陶瓷等行业在全国有较大影响，是全国重要的能源、原材料生产基地。1988年，唐山跨入全国24个国民生产总值超百亿元城市行列，被国务院批准为沿海对外开放地区、较大型城市。1996年进入全国综合实力50强城市之列。河南焦作是中国有代表性的“因煤而兴、以矿起家”的煤矿城市。经过近百年高强度的开发，从20世纪90年代开始，焦作已开始由过去单一的煤矿城市向综合型城市转型，实施“三个战略性转移”，即煤炭工业向电力、热电联营、铝电联营转移，原料化工向生物化工、医药化工转移，煤矿机械向环保机械、粮食机械、汽车机械转移。目前，焦作已成为以煤炭、化工、有色金属冶炼及加工、汽车零部件制造和农副产品深加工五大支柱产业为主导的新型工业城市。

除了上述几个重要的煤炭城镇，在山西阳泉、北京门头沟等地都曾有过“镇”的机构。例如山西阳泉，原本是北宋时期就有的一个乡村。据《阳泉市志》记载：“清光绪三十三年（1907年），正太铁路全线通车，该铁路经过大小阳泉附近，设阳泉站，车站附近渐有居民和店铺，后发展为阳泉镇。”[36]

中国的煤炭城镇最初都经历过用手工开采煤窑的阶段。在此后的发展过程中，主动或被动地接受了机器生产和西方先进的管理经营模式，从土法开采的煤窑迅速发展成为机器开采的煤矿。煤炭城镇的出现和发展，标志着这些地方基本完成了工业与农业分离的历程，初步具备城市的雏形。煤炭城镇的出现与发展，一方面为地方官府提供了税收，另一方面带动了地方经济的活跃。上面所述的颜神、唐山、焦作等煤炭城镇分别都是区域经济的龙头，其经济地位在特定时期超过所在的府或县。随着煤炭城镇的不断发展和扩大，其中一部分发展成为煤矿城市，继而成为区域的经济中心。

煤炭城镇虽然大多是在中国传统的村落基础上发展而成，但与传统的村落有着明显的区别。在空间上村落处于封闭半封闭状态，而煤炭城镇与外部市场有着密切和千丝万缕的联系；村落一般以耕地为依托，煤炭城镇则靠煤炭而生存；村落空间的布局以耕地为基本前提，煤炭城镇的空间布局则以矿井的开发和矿工的生活为中心；村落一般以宗姓血缘为纽带，煤炭城镇的人员有当地的居民，更多的是外来务工者。煤炭城镇的出现和发展对传统观念的冲击、对繁荣商品经济的作用，以及对社会经济结构变化的影响，是值得深思和进一步研究的。

中国的煤炭城镇萌芽于封建时代，建立在机器大工业生产的基础上，兴盛于工业化大发展时期。在工业化、城市化的进程中，中国的煤炭城镇大多成为矿区和煤矿城市的所在地，有的成为区域性城市群、城市带的组成部分。站在历史与未来的交会点，站在人类文明发展史的高度，梳理中国煤炭城镇的发展历程，总结其发展规律和特点，探讨可持续发展的方法和转型的途径，对于目前正在建设和将要开发的矿区，有着重要的参考和借鉴作用。

From Traditional to Modern's Coal Towns

—Shandong Yanshen, Hebei Tangshan, Henan Jiaozuo as Cases

Xue Yi

Abstract: In the Chinese town development history from traditional to modern, general has political, economic, military, cultural, transportation and other types. Towns in the economy type, in addition to agriculture, handicrafts, commerce and other types, there are coal towns, Shandong Yan shen, Hebei Tangshan, Henan Jiaozuo are representative. These towns are mostly derived from the ancient coal mines, and became coal mines urban and regional economic center gradually. To summary and research the history of some towns those rose due to coal, and to explore the relations between development coal mining industry and local socio-economic, it will benefits the current towns those hope by developing coal mines to promote industrialization, urbanization, and promote local social and economic development.

Key Words: Coal Towns; Yanshen; Tangshan; Jiaozuo

参考文献

[1] 于云瀚:《宋代山东“镇”的区域分布及其经济类型》[J],《昌潍师专学报》1999年第6期。

[2] 孙廷铨:《颜山杂记》卷4[M]。

[3] 官美堞:《古代工矿市镇——颜神镇的形成和发展》[J],《文史哲》1988年6期。

[4] 王培荀:《乡园忆旧》,转引自《淄博矿务局志》编纂委员会编《淄博矿务局志》[M],煤炭工业出版社,1993。

[5] 叶先登:《颜神镇志》(影印本)卷2下[M],江苏古籍出版社,1990。

[6]《博山县志》(清乾隆年本)卷4[M]。

[7] 山东省淄博市博山区区志编纂委员会:《博山区志》[M],山东人民出版社,

1990。
[8]《山东各县乡土调查录》，转引自官美堞《古代工矿市镇——颜神镇的形成和发展》[J]，《文史哲》1988 年第 6 期。
[9] 彭泽益编《中国近代手工业史资料》第 2 卷 [M]，生活·读书·新知三联书店，1957。
[10] 张伟保等：《经济与政治之间——中国经济史专题研究》[M]，厦门大学出版社，2010。
[11] 唐山市地方志编纂委员会：《唐山市志》（第 2 卷）[M]，方志出版社，1999，第 787 页。
[12] 杨文鼎总纂《滦州志》第 7 卷《封域上．山水》，1896 年刊印。
[13] 赵竞存：《唐山得名考》[J]，《唐山师专学报》1993 年第 1 期。
[14]《唐山概览》编写组：《唐山概览》[M]，红旗出版社，1996。
[15] 王知之编《唐山事》（第 1 辑）[N]，唐山工商日报社，1948。
[16] 隗瀛涛主编《中国近代不同类型城市综合研究》 [M]，四川大学出版社，1998。
[17] 孙毓棠编《中国近代工业史资料》（第 1 辑）[M]，下册，科学出版社，1957。
[18] 王世立等主编《唐山近代史纲要》[M]，社会科学文献出版社，1996。
[19] 徐纯性主编《河北城市发展史》[M]，河北教育出版社，1991。
[20] 魏心镇等编著《唐山经济地理》[M]，商务印书馆，1959。
[21] 李鸿章：《奏议制造轮船未可裁撤折》（同治十五年五月十五日），《李文忠公文集奏稿》第 19 卷 [C]。
[22] 孙毓棠编《中国近代工业史资料》第 1 辑 [M]，下册，科学出版社，1957，第 638 页。
[23] 郑观应：《盛事危言》，中州古籍出版社，1998。
[24] 张国辉：《洋务运动与中国近代企业》[M]，中国社会科学出版社，1979。
[25]《国闻报》1897 年 11 月 10 日、11 月 27 日。
[26] 刘吕红等：《清代社会变迁中的资源型城市形成、发展与转型》[M]，西南财经大学出版社，2009。
[27] 徐冀主编《开滦煤矿志》（第 2 卷）[M]，新华出版社，1995，第 252 页。
[28]《滦县志》，1937 年版，转引自王士立等主编《唐山近代史纲要》[M]，社会科学文献出版社，1996。
[29] 焦作市地方史志编纂委员会编纂《焦作市志》（第 1 卷）[M]，红旗出版社，1993。
[30] 台湾中研院近代史所编《矿务档》（1865～1911 年）第 3 册 [M]，近代史所刊行，第 1643 页。
[31] 中国煤炭志编纂委员会主编《中国煤炭志·河南卷》[M]，煤炭工业出版社，1996。
[32]《福公司黄界矿地凭单》，见焦作市档案局等编印《焦作百年文献》第 1 卷

[M]。
[33]《捷报》1904年12月30日，第1475页，转引自汪敬虞编《中国近代工业史资料》（第2辑），上册［M］，科学出版社，1957。
[34]《捷报》1904年3月25日，第636~637页，转引自汪敬虞编《中国近代工业史资料》（第2辑），上册［M］，科学出版社，1957。
[35] 道清铁路局编《道清铁路旅行指南·各站概要》［M］，1933。
[36] 郭景道：《旧焦作的东西两衙门》［M］，《焦作文史资料》第3辑。
[37] 阳泉市志编纂委员会编《阳泉市志》［M］，当代中国出版社，1996。

大连高新区转型历程分析与发展战略研究

◇周智涛*

【摘　要】　高新区现已成为大连市沿海经济带开发开放战略中创新能力最强、特色产业最鲜明、经济建设最活跃的地区之一，成为大连市经济发展中新的增长极，并力争在“十二五”期间，率先建成全球领先的知识化、国际化、生态化的国家创新型特色高新区。本文系统分析了大连高新区产业发展概况、产业形态的转变、发展战略的转型、园区开发的模式、未来发展战略等问题。

【关键词】　大连高新区　产业形态　发展战略　开发模式

一　大连高新区的产业发展和转型历程

（一）产业发展的概况

截至目前，大连高新区共有企业5000余家，其中包括世界500强企业90余家、高新技术企业1200余家。吸引外资额从2000年的协议外资1.46亿美元发展到2012年实际利用外资17.5亿美元；年出口创汇总额从

* 周智涛（1979～），博士生，辽宁师范大学，大连软件和服务外包发展研究院总经理，研究方向为产业园区发展、软件服务外包。

0.42 亿美元发展到 17.38 亿美元，其他各项主要经济指标以年均 30% 的速度迅速增长。

2012 年大连高新区以软件和服务外包为主导的特色优势产业发展迅速，实现销售收入 1145 亿元，同比增长 50.7%，大连高新区成为全国首个软件和服务外包千亿产业集群。其中，软件和信息技术服务业发展迅速，企业达到 489 家，从业人员达 7.9 万人，实现收入 534 亿元；网络产业经济总量达到 400 亿元，同比增长 100%；动漫游产业实现突破，跻身于全国十大动漫产业基地，3 家企业被认定为国家文化出口重点企业；设计产业加速集聚，辽宁省集成电路设计产业基地成为国家级企业孵化器；科技金融创新成效显现，成为辽宁省科技与金融结合示范区试点单位；教育培训规模扩大，年培训能力达到 10 万人次；各类综合型、职能型企业总部达 90 家。

（二）产业形态的转变

1. 在国家“八五”规划期间（1991～1995 年），大连高新区产业发展以技术密集型为主

大连市高新技术产业起步于 20 世纪 80 年代中期。1991 年 3 月 6 日，国务院批准了包括大连在内的 21 个国家级高新技术产业开发区。园区规划在黄河路高新技术产业街、凌水科技园和马桥子高技术工业区，约 21 平方公里。在科技体制改革的推动下，部分高等院校和科研单位以及科技人员在校园和科研院所内相继创办了一批小规模的高新技术企业，在计算机软件、计算机应用和电子信息技术、机电一体化、新型材料、海洋工程、生物工程和高效节能等高新技术的研究开发和生产方面具备了一定的基础和优势。其中，在录像机磁鼓组件、计算机软件、膜分离器、数控仿形、柔性制造系统、海珍品开发等方面有较大的技术优势和生产优势。高新区已初步形成了一批高新技术产业，涵盖了电子信息技术、新材料、生物技术和精细化工等多个高新技术产业领域。在“八五”期间，园区国内民办和校办高新技术企业的比例超过了 80%，数量众多的科技型中小企业是提升自主创新能力、建设创新型园区的主力军。园区在大连的经济发展中发挥了一定的作用，据统计，园区 1995 年高新技术企业的产值占全市工业产值的 3% 左右。

2. 在国家“九五”规划期间（1996～2000年），大连高新区产业发展以资本密集型为主

“九五”期间，大连市政府制定出台了若干扶持高新技术产业发展的相关政策和法规；重点组织实施了科技攻关计划、火炬计划、星火计划、科技成果推广计划、新产品试制计划、高技术产业发展计划等各类项目5000余个。到2000年底，全市经认定的高新技术企业有506家，共实现高新技术产值435亿元，比“八五”同期增长4倍，占全市工业总产值的比重从“八五”期末的8%增长到18.7%。大连高新区建设大连软件园、启动大连双D港、发展高新技术产业。在开发建设大连软件园的过程中，开创了“官助民办”的新模式，打开了软件企业高起点起步的新格局。通过引进国内外先进技术和强化自主创新，开发出数字无绳电话、彩色液晶显示器、DVD机芯、新型农药中间体、珍奥核酸等一批具有国际先进水平的高新技术产品，形成了大显集团、东方电脑、凯飞化学、明辰产业、珍奥科技等一批高新技术企业集团，涵盖了电子信息、新材料、生物技术、节能与环保技术、精细化工等高新技术领域。

3. 在国家“十五”规划期间（2001～2005年），大连高新区产业发展以科技密集型为主

“十五”期间，国家和辽宁省先后出台了《国家高新技术产业开发区“十五”和2010年发展规划纲要》、《关于“十五”期间大力推进科技企业孵化器建设的意见》、《鼓励软件产业和集成电路产业发展的若干政策》（国发〔2000〕18号）、《辽宁省加速发展软件产业实施意见》（辽政发〔2000〕29号）等优惠政策，“十五”期间成为软件和服务外包产业超常规增长的时期——园区先后引进了戴尔、IBM、爱立信、GE、微软、花旗、思爱普、毕博、惠普、埃森哲、丰田、松下等35个世界500强企业，产值占全市的50%以上，并产生了投资的聚集效应；“区域技术总部经济”也呈现快速发展态势，截至2005年12月，近20家企业的区域总部入驻高新区，有力地促进了园区经济快速健康发展；依托大连的地缘和人才优势，从为日本提供软件外包服务起步，形成了软件外包的优势。2005年，大连对日软件出口占全国的10%；“政府扶持、企业创办”的开发建设模式，已取得了较好的效果；旅顺南路软件产业带建设的启动，推动了优势产业的加速发展，扩大了软件产业聚集的平台；快速发展的大连高新区十分重视创业孵化产业的发展，营造出了良好的创新创业环境，降低创业企业的创业风险和创业成本，提高企业的成活率和成功率，在促进高新技术企业自主创新以及创业服务方面取得了骄人业绩，实现了创新发展的新突破。

4. 在国家“十一五”规划期间（2006～2010年），大连高新区产业发展以知识密集型为主

“十一五”期间，主导产业发展迅猛，新兴产业快速崛起，高端项目加速集聚，形成了从增加值到创值的经济体制，“高端服务业和高端制造业”两轮产业集群初具规模。

软件企业总数达到800余家，从业人员超过6万人，实现收入506亿元，增长50.1%；出口创汇16.88亿美元，增长50.7%。东软、华信、海辉连续六年出口收入蝉联全国前三名。软件和服务外包在企业规模、平均增速、销售收入、空间潜力、产学潜力、产学合作、品牌形象等方面全国领先。IBM、惠普、松下、爱立信等56家世界500强企业设立了软件研发中心或BPO中心，大连千人以上的软件企业、通过CMM5级和CMMI5级认证的软件企业、连续五年获中国软件出口前三名的软件企业均在高新区。高新区已成为大连发展软件和服务外包产业的核心功能区，成为国内软件产业集聚度和国际化程度最高的区域，软件和服务外包产业的实力、规模和水平居全国各高新区的前列，获得了国家授予软件和服务外包产业的所有荣誉。

网络产业、动漫产业、设计产业、总部经济发展势头强劲，对经济增长的拉动作用日益明显。高端服务业主要包括软件和服务外包、网络、动漫、工业设计、集成电路设计、教育培训和总部经济等产业。以泰德煤网、淘宝网为骨干的120余家网络企业，以水晶石、乾豪为代表的130家动漫游戏企业，以中冶焦耐、展翔海事为代表的40余家工业设计企业，以宇宙电子、连顺电子为代表的30余家集成电路设计企业，以安博教育、华信培训等为代表的100余家教育培训机构，以IBM、九成投资等为代表的20余家经济总部发展迅猛。

高端制造业聚集了中国华录、路明集团、连顺电子、环宇阳光“三网合一”技术研发中心等30余家企业；重点发展集成电路、LED半导体、光电、通信、数字视听等产业领域；高新区将建设第一个中国低碳产业经济示范区，以融科储能、新源动力燃料电池、森谷新能源薄膜太阳能等企业为重点，打造领域多元化、互补性强、集群式发展的新能源产业集群化基地；数字化装备制造领域，实现“海、陆、空”三位一体的发展体系，重点发展船舶、航空航天、汽车电子、数控装备制造等产业领域。

招商引资方式从“筑巢引凤”向“引凤筑巢”转变。一大批高端项目陆续进驻，500强项目相继落户。实现了“走出去”发展战略的历史性突破，由大连高新区负责运营的大连（日本）软件园在东京正式开园，开了中国城市海外创办软件园的先河。“十大园区”等产业载体建设取得实质性进展，华信软件园、亿达信息谷等十大软件园区陆续开建，专业软件园区突破20个。IBM中国区总部、东软、海辉、软通动力等企业“万人计划”顺利启动，成立了第一家开源软件园。在快速推进“十大园区”建设的同时，英歌石软件园区、龙头软件园区等一大批基础设施配套项目快速推进。

科技创新成果丰硕，人才工作成效显著。2010年，新认定的高新技术企业突破100家，技术先进型服务企业占全市的95%，获批发明专利709项。九成船舶电子设备已经成为航空母舰装备的核心部件；中国运载火箭技术研究院大连研发中心将成为航天武器装备的重要研发试验基地，四达公司的大飞机数字化装备在国内独占鳌头；奥托汽车数字化生产基地、大森数控机床生产基地技术水平国际领先。

到2010年，各类教育培训机构达到100多家，年培训各类人才8万多人次，为7800多名软件高级人才落实奖励资金6000多万元。

大连旅顺南路软件产业带上升为国家战略，产业发展先发优势明显。把服务外包提升到国家战略的高度，在旅顺南路软件产业带的建设中得到显著贯彻，这一新的“引擎”在未来城市经济发展中，将起到核心和龙头的作用。

大连高新区的发展空间由23平方公里扩展到了153平方公里，实现了高新区发展空间和行政管理职权的历史性突破，实现了高新区经济建设和社会事业的协调发展。

5. 在国家“十二五”规划期间（2011～2015年），大连高新区产业发展以创新密集型为主

党的十八大召开，标志着我国的经济社会发展进入了一个新的时期，在十八大报告的经济社会发展总体部局中，对推进经济发展方式转变和促进产业转型升级作出战略部署。近年来，IT产业风云变幻，物联网、云计算、大数据等新技术、新业态纷纷涌现；全国同类城市和高新区的快速发展，使高新区面临前有标兵、后有追兵的竞争压力，面临着稍有懈怠就会被挤出前列的危险。大连高新区又一次站在继往开来、开拓创新的历史关口，从创业起步的艰苦阶段及软件和服务外包产业集中发展阶段，发展到现在掀起高新区第三次创业浪潮。第三次创业的核心依然是创业，关键是创新，目标是转型升级。要继续发扬高新区人20多年一贯坚持的创业精神，面临新形势、新使命，焕发新活力，再创新业绩，推动高新区发展进入转型升级的新阶段。实现转型升级的主要标志是：跃上云端，走向高端，强壮特色，创新业态。

（三）发展战略的转型

自科技部提出高新区“二次创业”的号召以来，大连高新区的发展理念和实践发生了很大变化，主要体现在如下四个方面。

1. 从注重优惠政策向发展产业集群转变

随着高新区面临的国内国际经济和产业形势的变化，以及各地产业发展的同质化竞争，大连高新区发展的主要措施开始从表层优惠政策向深层次的产业集群转变。其原因是，区域优惠政策往往导致高新区的粗放式发展，不利于产业集群和新兴产业的形成。高新区已形成了人才、技术、资金等要素的聚集区，相对于产业聚集因素，高新区各种优惠政策的影响力变得越来越小，边际效应递减。随着对外开放程度的增加，区域优惠政策与WTO规则不相符，不符合市场经济发展和入关要求。在经济全球化时代，靠优惠政策构建的优势会逐渐减弱，高新区的竞争优势只能建构在具有独特区域优势的产业集群之上。因此，高新区在招商选资的过程中，逐渐由优惠政策向产业集群倾斜，促进高新区在“十一五”期间开始走内涵式发展道路，初步形成了两个特色产业集群——高端服务业和高端制造业。

2. 由加工型高新区向研发型高新区转型

目前，国内大部分高新区的整体研发投入水平较低，自主创新能力不足。在新的战略形势下，缺乏自主创新能力，高新区与一般的工业园区（经济开发区）也就没什么差别，不管入区企业数量和经济规模如何，没有核心竞争力，就没有长远发展的生命力，也就不可能发挥其应有的带动和辐射作用。为了实现可持续发展，高新区在“九五”期间及以后，就开始逐渐加大对科技创新的扶持力度，腾笼换鸟地淘汰了部分劳动密集型、产品附加值较低的企业。因为高新区是最有条件发展研发型产业的。对于生产型企业来说，最先考虑的是区域劳动力成本、土地成本等；而对于研发型企业来说，最先考虑的则是区域人才、技术、资金的密集程度。在“十五”之后，园区基本具备了以上条件。

在创新主导的战略格局中，高新区的发展不在于比规模而在于比技术创新能力和技术转化效率，一味吸引高新技术加工厂、做大规模的方式已经过时了，在“十一五”期间高新区也逐步走向以研发中心、研发型产业、科技服务业为主体的研发型园区。

3. 由单纯的土地运营向综合的“产业开发”和“氛围培育”转变

全国很多高新区的发展多年来是通过廉价工业房地产来推动的，目前，高新区发展仍然有浓厚的房地产驱动特征。在“十一五”期间，大连高新区开始逐渐以园区开发为主向以高科技产业开发和培育为主过渡。这在全国都是具有里程碑意义的。因为地产开发只能为高新区带来短期的效益，只有依靠产业发展所带来的税收、就业等贡献的增加，才能为高新区带来源源不断的收益，保证高新区的可持续发展。园区在打造一流的硬环境的同时，加强了区域文化氛围、创新机制、管理服务等软环境的建设。

4. 由功能单一的产业区向现代化综合城市转型

高新区在过去的20年中实行特殊优惠政策，一直被产业界认为是“特殊地区”，号称“科技特区”，作为两个独立的地区与所在城市各自发展，表现在经济社会统计的单独进行、计划与规划的单独制定等方面。这种独立性在财富积累的初期阶段有利于直观反映建设成果，并有助于高新区的快速发展。但2008年高新区扩区以后，城市的配套功能逐渐增加。如果高新区与大连其他城区不同步建设，那么高新区就易被其他新城区的各种社会配套设施建设排挤，高新技术创业服务中心、工程技术研发中心、成果转化中试基地等建设项目，或无法实施，或停滞不前，高新技术产业发展所需基金与风险投资也就无法落实。高新区由原来单一的产业发展逐步向现代化综合城市转型，还包括配套的各种商业服务、金融信息服务、管理服务、医疗服务、娱乐休憩服务等综合功能。

（四）园区开发的模式

在园区开发过程中，高新区经历了飞地管理、自主开发、官助民办、企业自建和国际发展等模式。在不断推进“两个高端”现代产业体系建设的过程中，要完善“一带三湾六区十园”的主导产业发展格局，继续当好软件业和服务外包业的主力和先锋，将高新区打造成为“对外开放的先行区、创新创业的集聚地、高端要素的聚合区和战略产业的策源地”。

1. 自主开发模式——七贤岭产业园

高新区总部所在地于1991年开始建设，占地面积为3.68平方公里。2005年开始启动升级改造计划，腾笼换鸟，打造创智产业基地。其功能定位在软件信息服务业、动漫游产业、总部基地、研发中心、创业孵化、人才培训及相关配套服务产业等方面，有企业800余家，代表企业有戴尔、花旗、爱立信、NEC、华信、海辉等。此种模式，为园区早期产业的发展奠定了良好基础。

2. 官助民办模式——大连软件园

大连软件园于1998年开始建设，占地面积为3平方公里，大连软件园股份有限公司总投资55亿元，现有400多家公司，其中42%是外资公司，有世界500强企业30余家，IT从业人员超过3万名，是具有国际特色的东北亚服务外包中心，代表企业有IBM、GE、英国电信、SAP、Oracle、Accenture、思科等。高新区对驻区企业大连软件园采取了“政府扶持、企业创办”的开发建设模式，充分体现了“官助民办”的体制和成本、人才、政策以及环境等优势，形成了产业发展与开发建设良性互动、政府引领与企业自营良性互动的局面。软件园“官助民办”的成功运行，得到国家有关部门和省市政府的充分肯定。

3. 企业自建模式——东软软件园

最早在高新区自建软件园的代表企业是东软集团，其规划总面积为50万平方米，可容纳20000名员工，东软的电力、电信、金融解决方案事业部，汽车电子研发中心，东软BPO中心，东软领导力发展中心已入驻园区。在“十一五”期间，“十大园区”启动，很多大型企业都在高新区投资兴建自己的科技园区，如华信、海辉、软通动力等。此种模式充分调动了园区龙头企业的积极性，也为企业的快速可持续发展预留了足够的空间。

4. 国际发展模式——腾飞软件园

在开发上，高新区还有国际发展的模式，选择与国际一流的开发运营商合作，如新加坡腾飞集团、香港瑞安集团和韩国多佑集团等。腾飞软件园于2006年开始建设，占地面积约为35万平方米，建筑面积约为60万平方米，入驻代表企业有柯尼卡美能达、丰田通商等12家企业。香港瑞安集团和大连亿达集团开发的黄泥川天地软件园，已有IBM、安博等企业入驻。由多佑集团运营管理的纳米大厦也被安永等企业全部入驻。此种模式，引导园区的开发建设在发展理念、发展规模、投资合作方式、管理模式等方面上了一个新台阶。

二　大连高新区未来5~10年的战略研究

2011年，是大连高新区建区20周年，也是国家“十二五”规划开局之年。高新区的对外开放和经济发展工作在战略层面上，要重点在以下六方面有所突破。

（一）在创新主体上，从政府引导向企业自主研发转变

转变高新区的经济发展方式，关键在于增强自主创新能力，提升区域综合竞争力。高新区要在自主创新中扮演主角。要有效整合利用区域内的创新资源，针对重点发展产业中的关键技术和核心技术，组织联合攻关，推动新兴产业的快速发展；要鼓励、引导校企合作，联合创办技术开发中心、工程中心，提高企业的自主创新能力；要加快建设公共技术平台，并面向全社会开放，使其在技术研发、产品开发等方面发挥更好的支撑服务作用；要采取多元投资的方式，提高科技企业孵化能力与孵化水平，加速创新成果产业化进程；由以政府为主导的创新体制，转向企业自发自动的创新体制。在“十二五”时期，全面完成由高新技术产业园区向科技创新型园区的历史转变，把营造创新环境、打造创新平台、集聚创新资源、完善创新体系、提升创新能力作为园区建设和发展的根本，着力打造自主创新的战略高地，以思路创新、科技创新、产业形态创新和经营模式创新引领和推动园区经济发展和社会进步，使高新区成为创新驱动和科学发展的先行区。

（二）在区域定位上，从国内领先的高新区向世界一流的创新型园区迈进

要把大连高新区建成世界一流的软件和服务外包基地、世界一流的创新型特色园区，逐步实现软件和服务外包产业中国第一、世界第一。为实现这一目标，要优选和培育具有高新区特色和优势的战略性新兴产业和高新技术产业，重点发展软件及服务外包、动漫游、网络服务、电子视听、新能源等产业；围绕确定的特色产业，加大产业集聚力度，形成集聚效应；促进重点产业逐步向高端化发展，掌握产业发展的核心资源和关键技术，发展高新区高端服务业和高端制造业两大优势。

（三）在经济转型上，将“引智”与“引资”相结合，“请进来”与“走出去”相结合

招商引资，择优选资，促进“引智”与“引资”相结合，是高新区对

外经济开放的重要内容。园区应该把利用好国际国内两个市场、两种资源，把引进外资和对外投资作为对内促进科学发展、和谐发展，对外坚持和平发展、合作发展的长期战略方针。

大力引进人才，创造人才发展的良好环境。通过多种形式、多种渠道，积极引进高新技术产业发展急需的技术研发人才、经营管理人才，特别是既有创新精神又具管理才能的企业家人才、海外高端人才，引智创业，借力发展。建好国家海外高层次人才创新创业基地，打造“海创周”国际品牌，使其成为国家级引进海外高层次人才的重要载体。制定和完善鼓励人才创新创业的各项政策、措施，引导企业进行用人制度、薪酬制度改革，提高人才待遇。完善优化区域基础设施与生活环境，提升对人才的吸引力和集聚力。

（四）在产业升级上，利用现有产业优势改造发展传统行业

充分利用高新区的软件和系统集成优势，应用物联网、云计算、EDI等技术，加快金融业、物流业、商业、交通运输业、餐饮业等领域经营模式和管理方式的改造升级，实现传统服务项目的服务内容、服务手段的现代化。在改造升级这些传统行业的同时，也使园区获得产业升级发展的机遇。

（五）在人才培养上，从中低层次人才储备向高层次创新型、复合型人才聚集转变

人力资源开发是经济带开发建设的关键，培育一支适应产业开发需要的人才队伍关乎事业成败。高新区应充分发挥教育资源丰富的优势，与高校开展更广泛的合作，提高人才培养能力，调整优化学科结构，为大连乃至整个经济带培养更多的适用人才；要支持园区企业自办或与高校联合创办培训中心，提高从业人员素质；引进国内外知名培训机构，联合创办人才培训机构，培训更多的特殊、高端人才；充分利用辽宁海外学子创业周平台，为经济带的开发引进更多的海外人才，为区域经济的发展提供人才支撑。

（六）在园区建设上，从基础设施常规建设向打造现代服务业示范工程转变

在产业开发与产业基地建设的同时，要安排农村城市化改造，推动农村产业和园区产业相协调，农村和城区相融合。同时，要给经济社会发展创造良好条件，加快引进建设一批住宅、公寓、商场、宾馆、医疗卫生、文体设施项目，以满足产业快速发展、人员急剧增加和园区功能调整的需要。加大生态建设的投入力度，在产业开发中注重环境保护，增加生态建设投入，提高区域生态环境水平，使高新区既是高端产业的聚集区，又是风光秀丽的景观带。

在“十二五”期间，大连高新区不仅仅是一个产业集聚地，还是一个思想的先导区、人才的聚集区、文化的辐射区、科技的先行区、资本的融通区。

The Study on Transformation Process and Development Strategy of Dalian New & Hi-tech Industrial Development Zone

Zhou Zhitao

Abstract: Dalian New & Hi-tech Industrial Development Zone has become one region that has the most innovative, the most distinctive characteristics, the most active economic construction in coastal economic zone of Dalian City, and become the new growth pole of Dalian City. The zone strives to become a New & Hi-tech Industrial Development Zone with better educated, international, ecological, national innovative features. This paper systematically analyzes the industrial park's industrial development profiles, industrial change patterns, development strategies transformation, zone development model, future development strategy and other issues.

Key Words: Dalian New & Hi-tech Industrial Development Zone; Industrial Form; Development Strategies; Development Model

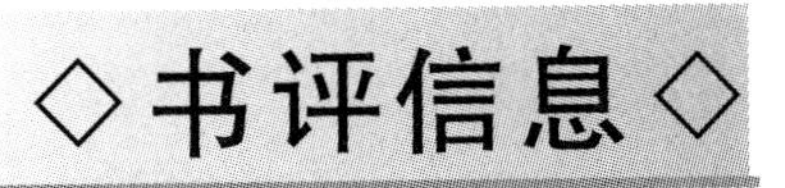
◇书评信息◇

中国城市经济学会回归城环所

中国城市经济学会是由汪道涵、王任重、马洪、刘国光等老一辈领导同志审时度势，共同发起成立的国家级社团组织，在城市经济研究领域具有全国性学术权威地位。汪道涵同志任第一、第二、第三届会长，周道炯同志任第四届会长，王任重、李铁映同志分别任第一、第二、第三届和第四届名誉会长。多年来，学会在促进中国城市经济发展和推进城市化方面做了大量工作，取得了丰富的历史性和开拓性成果，受到各地城市、省市政府、国务院和党中央的好评。

中国特色社会主义城镇化道路如何走？中国城镇化理论如何与实践科学结合？为了更好地回答这些问题，完成好中国城镇化与城镇建设的历史任务，2013 年 3 月，经主管单位批准，中国城市经济学会回归中国社会科学院城市发展与环境研究所。我们相信，在中国社会科学院城市发展与环境研究所的支持下，中国城市经济学会全体会员一定会齐心协力，为中华民族的伟大复兴做出新的贡献。

中国城市经济学会

二〇一三年十月十日

“转型期的城市化：国际经验与中国前景”国际学术研讨会综述

2013 年 9 月 25 日，由中国社会科学院城市发展与环境研究所主办的“转型期的城市化：国际经验与中国前景”国际学术研讨会在北京市政协会议中心举行。中国社会科学院副院长李培林出席会议并致辞，来自中国社会科学院、国家发展改革委、中国科学院、国内有关高校以及美国、加拿大、日本、法国、德国、欧盟等国家和地区的海内外专家学者以及新闻媒体 150 余人出席了研讨会，并围绕中国新型城市化与城市化的国际经验、农业转移人口的市民化、城市转型与质量提升等问题进行了深入探讨。

一　走中国特色新型城市化道路

中国社会科学院李培林副院长在致辞中指出，中国的城镇化和城镇发展取得了令人瞩目的成就，中国已经由一个具有几千年农业文明的乡村型社会正式迈入以城市型社会为主体的城市时代。但城镇化进程中的不可持续、不协调、质量不高问题仍然突出，迫切需要学术界从理论层面进行系统总结，尤其是对新型城镇化的内涵、特征、模式进行深入系统研究。国家发改委城市和小城镇改革发展中心李铁主任认为，当前中国城镇化存在偏差：一是对于城镇化的理解往往偏重于城市的规模和建设，二是照搬发达国家的理论和经验，忽视中国的国情。他强调，推进城镇化的改革是一场全面深刻的社会变革，必须寻找好的、符合中国国情的改革方法和实现路径。麦肯锡全球研究院中国问题研究专家、麦肯锡咨询公司资深董事 Jonathan Woetzel 认为，人口迁徙与农民工市民化将成为中国未来城市化的主要推动因素，这一过程将会激发巨大的消费需求和人力资本提升，中国应该走智慧低碳的集中式城市化道路。中国社会科学院城市发展与环境研究所魏后凯副所长指出，当前中国已进入城市化战略转型期，由加速向减速转变，全面提高城市化质量是重点。未来必须走中国特色社会主义新型城镇化道路，从中国国情出发，坚持以人为本、集约智能、绿色低碳、城乡一体、"四化"同步。

二　汲取城市化的国际经验与教训

中国社会科学院拉丁美洲研究所郑秉文所长，日本东京专修大学城市社会学教授大矢根淳，中国社科院欧洲研究所田德文研究员和多伦多大学社会学系教授、加拿大人口学会主席 Eric Fong 分别介绍了拉美、日本、欧洲和北美城市化的经验与教训。郑秉文所长认为，与拉美的"过度城市化"相反，中国城镇化的明显特征是"浅度城市化"，二者都不利于内需启动和经济转型。解决"浅度城市化"问题，必须把人的城镇化放在首位，始终保持其与工业化水平和经济发展水平同步发展。田德文研究员在分析欧洲城市化的经验后指出，城镇化进程需以产业升级为基础，以法律为保障，建立"以人为本"的管理理念。大矢根淳教授着重介绍了日本的《都市计划法》和五次《国土综合开发规划》，分享了日本在城市化过程中应对增长变缓、都市区膨胀、老龄化社会的经验。Eric Fong 教授则主要分析了城市化过程中的民族社区、移民融合和城市形态问题。

三　促进农业转移人口市民化

国家发改委国土开发与地区经济所肖金成所长认为，必须以农民工为主体，以城市群为主要载体，大中小城市和小城镇协调发展，积极稳妥推进中国城市化。中国社会科学院人口与劳动经济所书记张车伟研究员重点阐述了就业与农民工市民化之间的关系，他强调，提高农民工就业的"两化"水平即就业的非农化和雇员化水平，是促进农民工市民化的重要途径。清华大学建筑学院顾朝林教授通过对北京城中村唐家岭案例的分析，指出城中村是中国城市化进程特定阶段的现象，是边缘人群进入城市的特殊路径，呼吁理性对待城中村现象。美国芝加哥大学北京中心主任杨大利教授强调，在农村土地征用过程中必须建立政府信用。中国社会科学院城市发展与环境研究所单菁菁研究员测算，目前我国农业转移人口市民化的人均公共成本已经达到 13 万元，她强调应尽快建立“政府、企业、个人、市场”四位一体的科学合理的成本分担机制，破解农业转移人口市民化的成本难题。

四　加快城市转型与质量提升

中国社会科学院社会发展战略研究院渠敬东副院长通过对项目制、土地财政与城镇化的分析，强调金融系统风险是城镇化过程中必须慎重考虑的问题，城镇化要注重持续性和包容性。中国科学院科技政策与管理科学研究所陈锐研究员针对全球与中国城市化的重大、热点和难点问题，分析了城市化进程的内在机理、演变规律、发展机制、战略模式和路径选择。法国注册建筑师、城市可持续发展战略咨询公司 Emmanuel Breffeil 总裁强调在城市建设改造过程中，要加强对人的需求的尊重、对历史文化的保护和对地区特色的传承。中国社会科学院城市发展与环境研究所副研究员王业强认为，目前中国城市规模效率与其规模整体上呈正相关关系，中国城市化水平仍存在较大的提升空间，未来应重视城市管理技术水平的提高，实现城市化路径的调整。中国社科院城市发展与环境研究所李恩平副研究员则着重分析了城市化增长曲线的推导与应用。

会议上与会中外专家进行了广泛的交流与讨论，为中国城镇化健康发展提供了许多重要的见解和建议。会议取得圆满成功。

（中国社科院创新项目“城镇化质量评估与提升路径研究”课题组

单菁菁　执笔）

《中国城市发展报告 No. 6：农业转移人口的市民化》评析

◇宋迎昌*

2013 年 7 月由社会科学文献出版社出版发行的《中国城市发展报告 No. 6：农业转移人口的市民化》一书是中国社会科学院城市发展与环境研究所所长潘家华研究员、副所长魏后凯研究员担任主编，所长助理宋迎昌研究员、城市规划研究室单菁菁研究员、城市与区域管理研究室王业强副研究员担任副主编，凝聚全所主要研究人员和所外特邀研究人员共同完成的一部力作。该书以农业转移人口的市民化为主题，紧密联系现阶段中国新型城镇化的客观要求，以及十八大报告有关城镇化战略的科学论述，以总报告、综合报告、专题报告、案例分析等形式多层次、多角度探讨了中国农业转移人口市民化的历程、现状、特点及推进思路，科学测算了农业转移人口市民化的综合成本，并对与农业转移人口市民化相关的户籍制度改革、流动人口管理、城乡公平就业、农民“带资进城”、社会保障、住房保障、基本公共服务常住人口全覆盖等问题进行了深入研究，对当前各地推进新型城镇化具有重要指导意义和参考价值。

本书认为，城镇化就是变农民为市民的过程，市民化是城镇化的根本。目前，中国城镇中农业转移人口处于快速稳定增长阶段，现有总量约 2.4 亿人，占城镇人口的 1/3 左右。但由于成本障碍、制度障碍、能力障碍、文化障碍、社会排斥以及承载力约束等，农业转移人口市民化进程严重滞后。

---

* 宋迎昌，中国社会科学院城市发展与环境研究所研究员。

2010年全国按城镇非农业户口人口计算的市民化率仅为27%，不完全城镇化率达23%，其中东部地区高达31.3%。综合测算表明，2011年全国农业转移人口市民化程度仅有40%左右。推进农业转移人口市民化是一项长期的艰巨任务，预计到2030年前全国大约有3.9亿农业转移人口需要实现市民化，其中存量约1.9亿，增量超过2亿。未来应本着“以人为本、统筹兼顾、公平对待、一视同仁”的原则，分阶段稳步推进市民化进程，多措施并举、分层分类做好市民化工作，构建政府主导、多方参与、成本共担、协同推进的市民化机制，同时进一步深化户籍、土地、住房、社会保障、公共服务和农村产权制度等综合配套改革，建立完善城乡统一的户籍登记管理制度和社会保障制度，稳步推进基本公共服务城镇常住人口全覆盖，全面提高城镇化质量和水平，促进城镇化健康发展。

城镇化是现代化的必由之路，城镇化的核心是人的城镇化。作为系列皮书中的一本，本书开启了对人的城镇化研究之门，虽然还存在着概念尚不清晰、方法尚不科学、论证尚不严密、结论尚有争议等学术问题，但瑕不掩瑜，相信会有越来越多的学者关注该书。这里向读者郑重推荐该书，希望广大读者朋友们耐心阅读，仔细品味，并提出宝贵的意见与建议！

中国人类发展报告2013《可持续与宜居城市：迈向生态文明》评析

◇张　莹*

由中国社会科学院城市发展与环境研究所和联合国开发计划署共同撰写的2013年度中国人类发展报告《可持续与宜居城市：迈向生态文明》于2013年8月由中国对外翻译出版社出版。该报告会集了中国社会科学院城市发展与环境研究所、国际应用系统分析研究所、联合国开发计划署驻华代表处等相关领域多位专家学者对中国城镇化促进人类发展议题的研究成果和观点，通过回顾中国的城镇化进程、总结目前在建设可持续与宜居城市之路上面临的主要问题、构建不同的未来城镇发展模式和情景并针对这些情景下的治理问题提出相应的建议，报告提出中国应该以生态文明建设引导未来的城镇转型，及时采取综合性的政策措施来解决目前面临和未来可能出现的各种挑战，协同平衡城镇化发展的速度与质量，积极采取行动来促进中国的人类发展。

为了更广泛地推广人类发展理念，使各国政府都更加关注人类发展问题，联合国开发计划署从1992年开始与各国合作发行国别人类发展报告。通过人类发展指数、政策建议框架，以及与各国的科研机构和组织进行交流、合作，引起各国专家、学者和社会人士的普遍关注，为推动各国的人类

* 张莹，中国社会科学院城市发展与环境研究所副研究员。

发展发挥积极的作用。

这次与联合国开发计划署驻华代表处合作撰写2013年度中国人类发展报告，使中国社会科学院第一次参与到国别人类发展报告的撰写工作中来，报告编委会邀请到多名国内外的专家学者和官员担任高级顾问，包括中国社会科学院院长王伟光，国家发展改革委员会主任解振华，住房和城乡建设部副部长仇保兴，国务院参事、前科技部副部长刘燕华，印度能源和资源研究所（TERI）所长Rajendra Pachauri，德国波茨坦气候影响研究所所长Hans Joachim Schellnhuber等。同时还邀请到国内外专家为本报告的撰写提供相关的背景报告，具体包括李铁（《中国的城市区域和城镇化》），傅崇兰（《中国转型时期的城市文化》），叶裕民（《中国城市和城镇发展所面临的挑战》），魏后凯（《新时期中国城市转型战略》），丁成日（《城市发展国际经验》），Goerild Heggelund、王东和刘哲（《可持续宜居城市面对的经济挑战》），Mohan Peck（《文化和可持续城市》），Henny Ngu和Matthias Kaufmann（《中国的宜居可持续城市治理》）。

这本报告适时把握了中国城镇化发展这个热点，分析了中国建设可持续、宜居城市，开展生态文明建设和城镇化转型过程中的人类发展相关问题，通过报告综合评估了中国各地的人类发展状况，有力地促进了人类发展理念在中国得到更好的普及。

《中国房地产发展报告》评析

◇尚教蔚*

由中国社会科学院城市发展与环境研究所主持编撰的《中国房地产发展报告》（以下简称“房地产蓝皮书”）为中国社会科学院社会科学文献出版社“皮书”系列之一，并已纳入中国社会科学院创新工程学术出版项目中。房地产蓝皮书研究、编撰的宗旨是及时追踪、客观分析与科学预测房地产走势，坚持客观性、科学性和社会效益第一。

房地产业的持续健康发展，不仅关系到国民经济的快速增长，而且与人们生活水平的提高息息相关。住房体制改革以来，城镇居民居住水平不断提高，居住环境和居住条件得到持续改善。随着经济的发展和城市化进程的推进，城镇居民住房的增量需求和改善需求持续旺盛，房地产市场迅猛发展的同时，也出现了房价过快上涨，供应结构不合理，保障性住房建设滞后、管理力度欠缺，地方政府过度依赖土地财政，房地产宏观调控不到位，市场监管乏力等亟待解决的问题。特别是房价过快增长的问题，引起了党和国家的高度关注和重视，一系列的房地产调控措施接连出台。房地产蓝皮书对当年的房地产市场发展情况、调控情况和调控效果进行较为翔实的阐述和分析，对第二年的形势给予客观的预测。

房地产蓝皮书为年度报告，分总报告、土地篇、金融篇、企业篇、市场篇、住房保障篇、管理篇、区域篇、热点篇等，个别年份还增加过国际借鉴篇。基本上保持在 20 ~ 25 个专题，每年根据主题的不同对篇幅进行微调。

---

* 尚教蔚，任职于中国社会科学院城市发展与环境研究所副研究员。

其中总报告由总报告课题组完成，主要由现状、问题、预测及政策建议组成；区域篇主要以4个一线城市为主；热点篇根据每年的情况确定专题。房地产蓝皮书多角度地分析我国现阶段房地产市场中存在的问题并提出相关的政策建议。

2004年以来房地产蓝皮书已连续出版10年，越来越引起各级政府和社会各界的高度关注，社会影响日益广泛，并得到充分好评。中央电视台等国家和各级各类新闻媒体每年都热情追踪报道，国务院及其相关部门每年都邀请中国社科院城市发展与环境研究所有关专家对房地产形势和政策提出建言或报告。本书以学者的眼光，从学术的角度，审视和评判我国房地产业的发展，对我国房地产发展起到了一定的参考和指导作用。

图书在版编目(CIP)数据

城市与环境研究．2013.1：总第1期/潘家华主编．—北京：社会科学文献出版社，2013.11
ISBN 978-7-5097-5302-6

Ⅰ.①城… Ⅱ.①潘… Ⅲ.①城市环境-文集 Ⅳ.①X21-53

中国版本图书馆CIP数据核字（2013）第271046号

城市与环境研究（2013/01，总第1期）

主　　编／潘家华
副 主 编／魏后凯

出 版 人／谢寿光
出 版 者／社会科学文献出版社
地　　址／北京市西城区北三环中路甲29号院3号楼华龙大厦
邮政编码／100029

责任部门／经济与管理出版中心（010）59367226　　责任编辑／蔡莎莎
电子信箱／caijingbu@ssap.cn　　责任校对／师军革
项目统筹／恽　薇　蔡莎莎　　责任印制／岳　阳
经　　销／社会科学文献出版社市场营销中心（010）59367081　59367089
读者服务／读者服务中心（010）59367028

印　　装／北京季蜂印刷有限公司
开　　本／787mm×1092mm　1/16　　印　　张／15.5
版　　次／2013年11月第1版　　字　　数／240千字
印　　次／2013年11月第1次印刷
书　　号／ISBN 978-7-5097-5302-6
定　　价／49.00元